面向“十二五”高职高专规划教材

高等职业教育骨干校课程改革项目研究成果

可编程控制器应用技术

主　编　殷　刚　于梦琦

参　编　侯慧姝　王涌泉

北京理工大学出版社

BEIJING INSTITUTE OF TECHNOLOGY PRESS

内容简介

本书以强化学生的职业技能和工程实践能力为目标，融合企业需求、行业标准为一体，将实际工作过程引入教学内容，重在培养学生分析和解决实际问题的能力。

本书内容包括电气控制和可编程控制器应用两部分。第1章和第2章及项目一为电气控制部分，主要介绍常用低压电器的结构、工作原理、图形及电气符号；电气控制系统的典型控制环节；电动机控制项目训练。第3章至第7章及项目二至项目五为可编程控制器应用部分，该部分以OMRON小型机中的P型机和CPM1A PLC为背景，系统阐述可编程控制器的结构、工作原理、硬件配置、指令系统，详细讲解PLC控制系统的设计，对常用的PLC典型电路做了细致介绍，并列举了丰富的应用实例。

本书语言通俗易懂，内容编排由浅入深，理论联系实际，通过项目及任务训练培养、强化学生知识运用能力。各章还配有习题，便于教学及自学。

本书可作为高职高专院校生产过程自动化技术、电气自动化技术、电力系统自动化技术、机电一体化技术、数控技术等相关专业的理论及实训教材，也可作为技能培训教材及工程技术人员参考用书。

图书在版编目（CIP）数据

可编程控制器应用技术/殷刚，于梦琦主编. —北京：北京理工大学出版社，2012.8（2016.8重印）

ISBN 978-7-5640-5932-3

Ⅰ.①电… Ⅱ.①殷… ②于… Ⅲ.①电气控制②可编程序控制器 Ⅳ.①TM921.5②TM571

中国版本图书馆CIP数据核字（2012）第094801号

出版发行／北京理工大学出版社

社　址／北京市海淀区中关村南大街5号

邮　编／100081

电　话／(010)68914775(办公室)　68944990(批销中心)　68911084(读者服务部)

网　址／http：//www.bitpress.com.cn

经　销／全国各地新华书店

印　刷／虎彩印艺股份有限公司

开　本／710毫米×1000毫米　1/16

印　张／11.25

字　数／210千字

版　次／2012年8月第1版　2016年8月第4次印刷

印　数／4501～5010册

定　价／24.00元

责任编辑／多海鹏　张慧峰

责任校对／陈玉梅

责任印制／王美丽

前　言

可编程控制器（PLC）是以微处理器为核心，将微电子技术、自动化控制技术以及通信技术融为一体的新一代工业自动化控制装置。它具有可靠、安全、灵活、方便和经济等特点，已广泛应用于各行各业的自动控制中。从PLC的发展趋势来看，PLC技术将在未来的工业自动化领域中占据主导地位。

“可编程控制器应用技术”是高职高专院校生产过程自动化技术、电气自动化技术、电力系统自动化技术、机电一体化技术及数控技术专业的核心专业课程。课程的目标是培养学生在生产一线的PLC技术应用能力，提高学生的综合素质，使学生掌握电气控制系统设计与维护岗位所需要的可编程控制器应用系统的设计方法、编程能力和应用分析能力。为了适应电气控制及PLC应用行业的发展和21世纪高素质技能型专门人才的需求，编者通过企业调研，结合内蒙古化工职业学院长期的“电气控制与PLC”课程理论及实践教学经验编写了本书。

本书语言通俗易懂、简明扼要；在内容编排上，由浅入深，理论联系实际，项目任务选择注重实用性、可操作性，通过项目及任务训练培养、强化学生的知识运用能力。

本书共分为7章、5个项目，分别是：第1章 常用低压电器、第2章 基本电气控制电路、项目一 电动机的控制、第3章 可编程控制器概述、第4章 欧姆龙PLC的硬件配置及内部器件、第5章 欧姆龙PLC的指令系统和应用、项目二 PLC基本逻辑指令的应用、项目三 PLC功能指令的应用、项目四 电动机的PLC控制、第6章 PLC控制系统的设计、第7章 PLC控制系统应用举例、项目五 PLC的综合应用。

本书由内蒙古化工职业学院殷刚、于梦琦主编，侯慧姝、王涌泉参与编写。具体分工为：第1章、第2章、第7章、项目一、项目二、项目五由殷刚编写；第3章、附录C由侯慧姝编写；第4章、附录A、附录B由王涌泉编写；第5章、第6章、项目三、项目四由于梦琦编写。全书由殷刚、于梦琦统稿、审定。在教材编写过程中，编者参阅了相关教材及资料，在此向参考文献作者表示感谢。

由于编者水平有限，书中难免有错误和不妥之处，敬请读者批评指正。

编　者

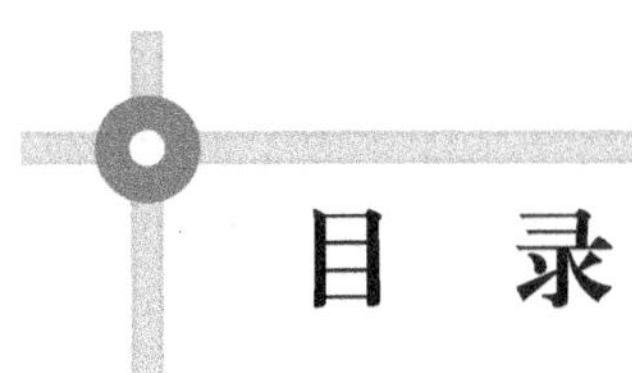

目 录

第 1 章

常用低压电器

1.1 低压电器的基本知识

电器对电能的生产、输送、分配和使用起控制、调节、检测、转换及保护作用，是所有电工器械的简称。我国现行标准将电器按电压等级分为高压电器和低压电器；凡工作在交流 50 Hz、额定电压 1 200 V 及以下和直流额定电压 1 500 V 及以下电路中的电器统称为低压电器。低压电器种类繁多，它作为基本元器件已广泛应用于发电厂、变电所、工矿企业、交通运输和国防工业等电力输配电系统和电力拖动控制系统中。随着科学技术的不断发展，低压电器将会沿着体积小、质量轻、安全可靠、使用方便及性价比高的方向发展。掌握好常用低压电器的功能、原理与使用方法，是学习电气控制的基础。

1.1.1 低压电器的分类

低压电器的品种、规格很多，作用、构造及工作原理各不相同，因而有多种分类方法。

1. 按动作方式分

低压电器按它的动作方式可分为自动电器和手动电器两大类：前者是依靠本身参数的变化或外来信号的作用，自动完成接通或分断等动作；后者主要是用手直接操作来进行切换。

2. 按性能和用途分

低压电器按它在电路中所处的地位和作用可分为控制电器和配电电器两大类：控制电器是指电动机完成生产机械要求的启动、调速、反转和停止所用的电器；配电电器是指正常或事故状态下接通或断开用电设备和供电电网所用的电器。

3. 按有无触点分

低压电器按它有无触点可分为有触点电器和无触点电器两大类：有触点电器有动触点和静触点之分，利用触点的合与分来实现电路的通与断；无触点电器没有触点，主要利用晶体管的导通与截止来实现电路的通与断。

4. 按工作原理分

低压电器按它的工作原理可分为电磁式电器和非电量控制电器两大类：电磁式电器由感受部分（即电磁机构）和执行部分（即触点系统）组成。电磁式电器由电磁机构控制电器动作，即由感受部分接收外界输入信号，使执行部分动作，实现控制目的；非电量控制电器由非电磁力控制电器触点的动作。

1.1.2 电磁机构及触头系统

低压电器一般都有两个基本部分，即感受部分和执行部分。感受部分感受外界信号，并做出反应。自动电器的感受部分大多由电磁机构组成；手动电器的感受部分通常为电器的操作手柄。执行部分根据控制指令，执行接通或断开电路的任务。下面简单介绍电磁式低压电器的电磁机构和触头系统。

1. 电磁机构

电磁机构是电磁式低压电器的检测部分，它的主要作用是将电磁能量转换成机械能量，带动触头动作，从而实现电路的接通或分断。电磁机构由吸引线圈、铁芯及衔铁组成。其结构形式按电磁机构的形状分有 E 形和 U 形两种；按衔铁的运动方式可分为直动式和拍合式，如图 1－1 所示。

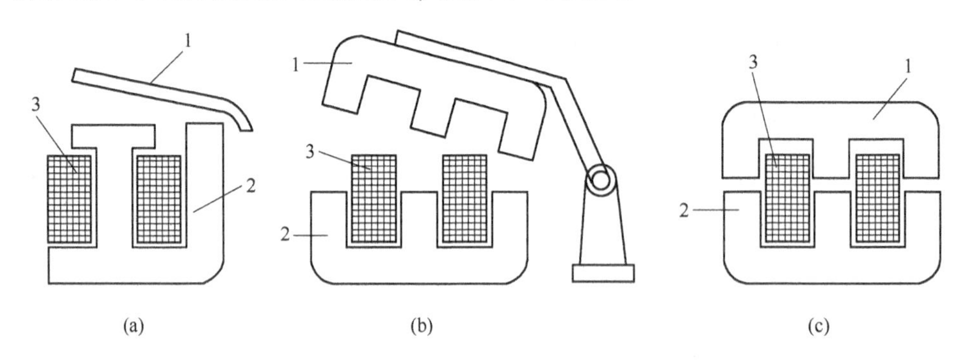

图 1－1 电磁机构的结构

(a) U 形、拍合式；(b) E 形、拍合式；(c) E 形、直动式

1—衔铁；2—铁芯；3—线圈

吸引线圈的作用是将电能转换为磁能，即产生磁通，衔铁在电磁力的作用下产生机械位移使铁芯吸合。通入交流电的线圈称为交流线圈。对于直流线圈，铁芯不发热，直流线圈发热，因此，线圈与铁芯接触以利散热。线圈做成无骨架、高而薄的瘦高型，以改善线圈自身散热。铁芯和衔铁由软钢或工程纯铁制成。对于交流线圈，除线圈发热外，由于铁芯中有涡流和磁滞损耗，铁芯也会发热。为了改善线圈和铁芯的散热情况，在铁芯与线圈之间留有散热间隙，而且把线圈做成有骨架的矮胖型。铁芯用硅钢片叠成，以减少涡流。

对电磁式电器而言，电磁机构的作用是使触头实现自动化操作，因电磁机构实质上是电磁铁的一种，即电磁铁还有很多其他用途，例如牵引电磁铁，有拉动式和推动式两种，可以用于远距离控制和操作各种机构；阀用电磁铁，可以远距离控制各种气动阀、液压阀以实现机械自动控制；制动电磁铁则用来控制自动抱闸装置，实现快速停车等。

电磁机构工作原理为：当线圈中有电流通过时，产生磁场，经铁芯、衔铁和气隙形成回路，产生电磁力，于是电磁力克服弹簧的反作用力使衔铁与铁芯闭合，由连接机构带动相应的触头动作。

2. 触头系统

触头是电器的执行机构，在衔铁的带动下起接通和分断电路的作用。由于铜具有良好的导电、导热性能，因此，触头通常用铜制成。铜质表面容易产生氧化膜，使触头的接触电阻增大，从而使触头的损耗也增大。有些小容量电器的触头采用银质材料，与铜质触头相比，银质触头除具有更好地导电、导热性能外，触头的氧化膜电阻率与纯银相比相差无几，而且氧化膜的生成温度很高。所以，银质触头的接触电阻较小，而且较稳定。

触头的结构形式有很多种，下面介绍常见的几种分类方式。

1）按接触形式分

触头按接触形式分为点接触、线接触和面接触三种，如图1－2所示。点接触允许通过的电流较小，常用于继电器电路或辅助触点。面接触和线接触允许通过的电流较大，常用于大电流的场合，如刀开关、接触器的主触头等。

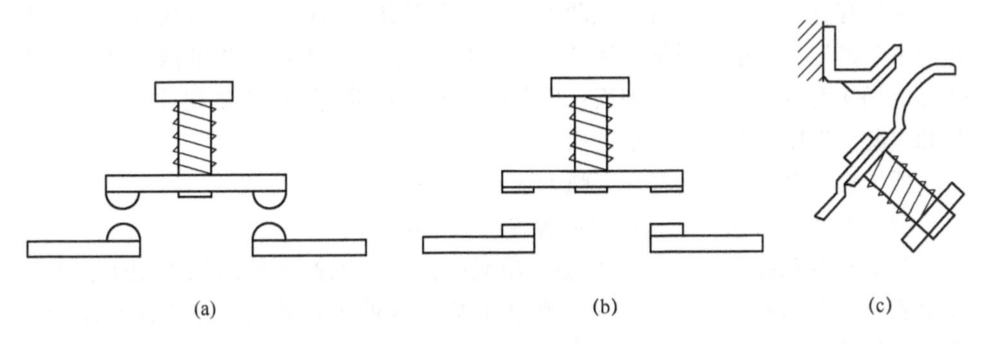

图1－2 触头的常见结构

（a）点接触；（b）面接触；（c）线接触

2）按结构形式分

触头按结构形式分为桥式和指式，如图1－2中，图（a）和图（b）为桥式触头，图（c）为指式触头。

3）按是否运动分

触头按是否运动分为动触头和静触头。动触头是指在衔铁的带动下发生运动的触头，静触头是指不发生位置变化的触头。

4）按控制的电路分

触头按控制的电路分为主触头和辅助触头。主触头用于接通或断开主电路，允许通过较大的电流。辅助触头用于接通或断开控制电路，只允许通过较小的电流。

5）按原始状态分

触头按原始状态分为常开触头和常闭触头。当线圈不带电时，动、静触头是分开的，称为常开触头；当线圈不带电时，动、静触头是闭合的，称为常闭触头。

触头的参数主要有：

（1）额定电压：触头断路后允许施加的最大电压。

（2）额定电流：触头长期工作时所允许的最大电流。

（3）触头寿命：触头在额定条件下能正常使用的最多次数。

（4）灵敏度：单位时间内，触头允许通断的最高次数。

3. 电弧的产生及灭弧

开关电器切断电流电路时，触头在通电状态下动、静触头脱离接触，若触头间电压大于10 V，电流超过80 mA时，由于电场的存在，会使触头表面的自由电子大量溢出而产生蓝色的光柱，即电弧。电弧的存在既易烧损触头金属表面、降低电器的寿命，又延长了电路的分断时间，严重时还可引起事故或火灾，所以必须迅速消除。

电弧有直流电弧和交流电弧两类，交流电弧又自然过零点，故较易熄灭。灭弧的主要措施有：迅速增加电弧长度（拉长电弧），使得单位长度内维持电弧燃烧的电场强度不够而使电弧熄灭；使电弧与流体介质或固体介质相接触，加强冷却和去游离作用，使电弧加快熄灭。

低压控制电器常用的具体灭弧方法有：

（1）机械灭弧法：通过机械装置将电弧迅速拉长。

（2）磁吹灭弧法：在一个与触头串联的磁吹线圈产生的磁场作用下，电弧受电磁力的作用而拉长，被吹入由固体介质构成的灭弧罩内，与固体介质相接触，电弧被冷却而熄灭。

（3）窄缝（纵缝）灭弧法：在电弧所形成的磁场电动力的作用下，可使电弧拉长并进入灭弧罩的窄（纵）缝中，几条纵缝可将电弧分割成数段且与固体介质相接触，电弧便迅速熄灭。

（4）栅片灭弧法：当触头分开时，产生的电弧在电动力的作用下被推入一组金属栅片中并被分割成数段，彼此绝缘的金属栅片的每一片都相当于一个电极，因而就有许多个阴阳极压降。对交流电弧来说，近阴极处，在电弧过零时就会出现一个150~250 V的介质强度，使电弧无法继续维持而熄灭。由于栅片灭弧效应在交流时要比直流时强得多，所以交流电器常常采用栅片灭弧。

1.2　接触器

接触器属于控制类电器，它的作用是将电磁能转换成机械能，通过电磁力吸引衔铁带动触点动作，实现对电路的控制。接触器适用于远距离频繁接通和分断交直流主电路和控制电路的自动控制电器。接触器主要控制对象是电动机，也可用于其他电力负载，如电热器、电焊机等。接触器具有欠压保护、零压保护、控制容量大、工作可靠、寿命长等优点，是自动控制系统中应用最多的一种电器。

1.2.1　结构与工作原理

接触器按其主触点控制电路中电流的种类可分为交流接触器和直流接触器，应用最多的是交流接触器。图 1－3 所示为 CJ20 交流接触器实物。

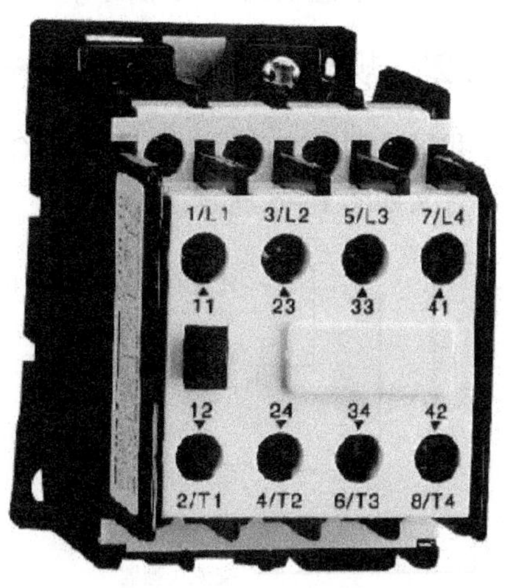

图 1－3　CJ20 接触器实物

交流接触器主要由电磁机构、触点系统和灭弧装置三部分组成。电磁机构包括线圈、铁芯和衔铁。触点分为两种：三对接在电动机主电路中，允许通过的电流较大，称为主触点；两对接在控制电路中，通过的电流较小，称为辅助触点。主触头为常开触点，用于控制主电路的通断；辅助触点包括常开触点、常闭触点两种，用于控制电路中，起电气联锁作用。其他部件还包括反作用弹簧、缓冲弹簧、触头压力弹簧、传动机构和外壳等。交流接触器结构如图 1－4 所示。

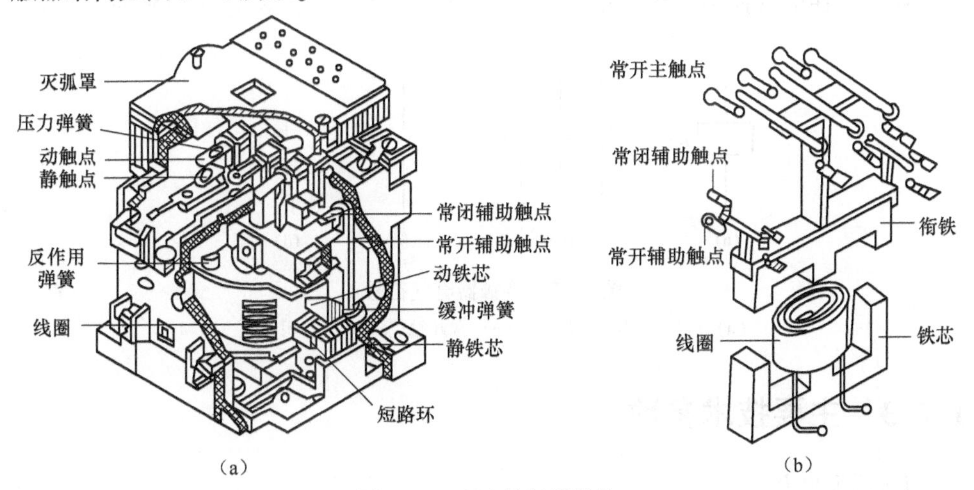

图 1－4　交流接触器结构

(a) 结构图；(b) 示意图

接触器的工作原理是利用电磁铁吸力及弹簧反作用力配合动作，使触头接通或断开。当吸引线圈通电时，铁芯被磁化，吸引衔铁向下运动，使得常闭触头断开，常开触头闭合。当线圈断电时，磁力消失，在反力弹簧的作用下，衔铁回到原来位置，也就使触头恢复到原来状态。接触器工作原理示意如图 1－5 所示。

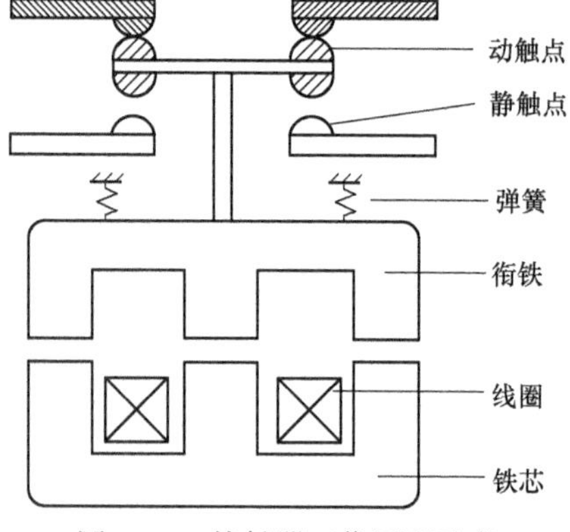

图 1－5　接触器工作原理示意

1.2.2　规格型号及电气符号

我国常用的交流接触器主要有 CJ10、CJ12、CJ20、CJX1 和 CJX2 等系列。其型号含义如图 1－6 所示。

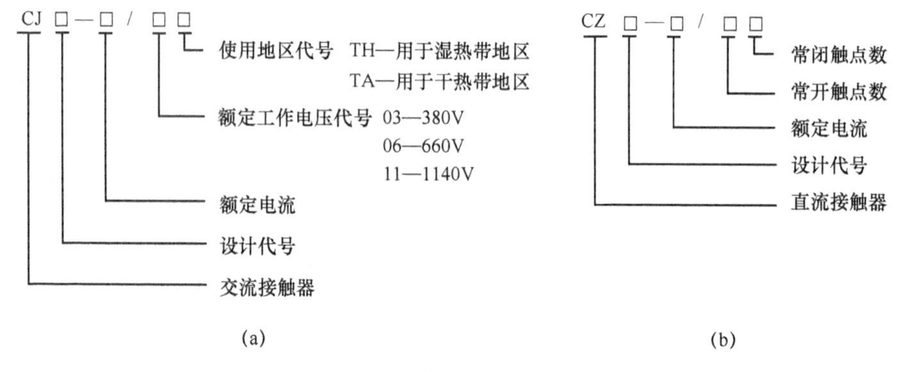

图 1－6　接触器型号含义
(a) 交流接触器；(b) 直接接触器

接触器在电气控制系统中的文字符号用 KM 来表示，其电气符号如图 1－7 所示。

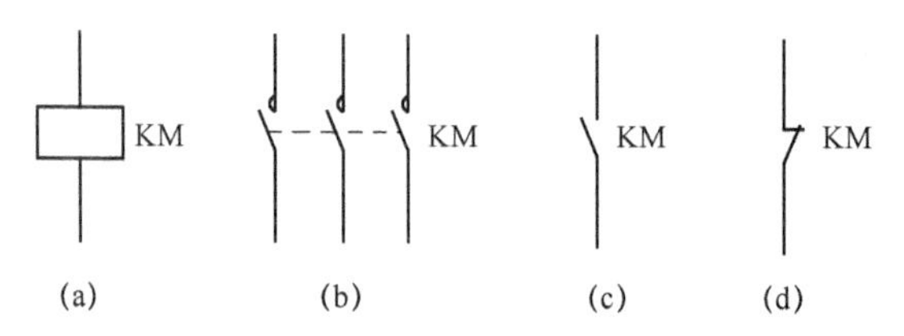

图 1－7　接触器电气符号
(a) 线圈；(b) 主触点；(c) 常开触点；(d) 常闭触点

1.2.3　主要技术参数

1. 额定电压

接触器的额定电压是指主触头的额定电压。电压等级通常有：

交流接触器：127 V，220 V，380 V，500 V；
直流接触器：110 V，220 V，440 V，660 V。

2. 额定电流

接触器的额定电流指主触头的额定电流。电流等级通常有：
交流接触器：10 A，20 A，40 A，60 A，100 A，150 A，250 A，400 A，600 A；
直流接触器：25 A，40 A，60 A，100 A，250 A，400 A，600 A。

3. 线圈的额定电压

接触器线圈的额定电压指接触器线圈两端所加额定电压。电压等级通常有：
交流线圈：12 V，24 V，36 V，127 V，220 V，380 V；
直流线圈：12 V，24 V，48 V，220 V，440 V。

4. 额定操作频率

由于交流吸引线圈在接电瞬间有很大的启动电流，如果接通次数过多，就会引起线圈过热，所以限制了每小时的接电次数。一般交流接触器的额定操作频率最高为 600 次/h，因此，对于频繁操作的场合，就采用了具有直流吸引线圈、主触头为交流的接触器。它们的额定操作频率可高达 1 200 次/h。

5. 接通与分断能力

接触器的接通与分断能力是指接触器的主触点在规定的条件下能可靠地接通和分断的电流值，而不应该发生熔焊、飞弧和过分磨损等。

6. 动作值

接触器的动作值是指接触器的吸合电压与释放电压。国家标准规定接触器在额定电压 85% 以上时，应可靠吸合，释放电压不高于额定电压的 70%。

1.2.4　接触器的选用

接触器的选择主要考虑以下技术数据：

（1）接触器类型选择：按其所控制的负载性质分为交流和直流。

（2）主触点额定电压：接触器的额定电压应大于或等于所控制线路的电压。

（3）主触点额定电流的选择：接触器的额定电流应大于或等于所控制线路的额定电流。对于电动机负载一般按经验公式计算：

$$I_C = \frac{P_N}{KU_N} \tag{1-1}$$

式中　I_C——接触器主触点电流，单位 A；
P_N——电动机额定功率，单位 kW；
U_N——电动机额定电压，单位 V；
K——经验系数，一般取 1～1.4。

（4）电磁线圈额定电压选择：根据控制电路的电压一般选用380 V、220 V。

（5）接触器触点数量、种类选择：应满足主电路和控制电路对触点的要求。

1.3 继电器

继电器是一种根据某种输入信号的变化接通或断开控制电路，实现控制目的的电器。继电器的输入信号可以是电流、电压等电量，也可以是温度、速度、时间、压力等非电量，而输出通常是触点的接通或断开。

继电器一般不直接控制有较大电流的主电路，而是通过接触器或其他电器对主电路进行控制。因此，同接触器相比较，继电器的触头断流容量较小，一般不需灭弧装置，但对继电器动作的准确性则要求较高。

继电器的种类很多，主要可以按以下方法分类：

（1）按用途可分为控制继电器、保护继电器。

（2）按动作原理可分为电磁式继电器、感应式继电器、热继电器、机械式继电器、电动式继电器和电子式继电器等。

（3）按动作信号可分为电流继电器、电压继电器、时间继电器、速度继电器、温度继电器、压力继电器等。

（4）按动作时间可分为瞬时继电器和延时继电器。

本节主要讲述热继电器、时间继电器、电流继电器、电压继电器、中间继电器及速度继电器。

1.3.1 热继电器

电动机在实际运行中，常常遇到过载的情况，若过载电流不太大且过载时间较短，电动机绕组温升不超过允许值，这种过载是允许的。但若过载电流大且过载时间长，电动机绕组温升就会超过允许值，这将会加剧绕组绝缘的老化，缩短电动机的使用年限，严重时会使电动机绕组烧毁，这种过载是电动机不能承受的。因此，需要对电动机进行过载保护。

热继电器是利用流过继电器热元件的电流所产生的热效应而反时限动作的保护继电器。热继电器主要用于电动机的过载、断相、三相电流不平衡运行及其他电气设备发热引起的不良状态而进行的保护控制。

1. 结构与工作原理

图1-8所示为JR36系列热继电器的外形结构。

热继电器主要由热元件、双金属片和触点三部分组成。热继电器的工作原理示意如图1-9所示。

双金属片是它的测量元件，由两种具有不同线膨胀系数的金属通过机械辗压而使之形成一体，线膨胀系数大的称为主动层，小的称为被动层。当电动机过载

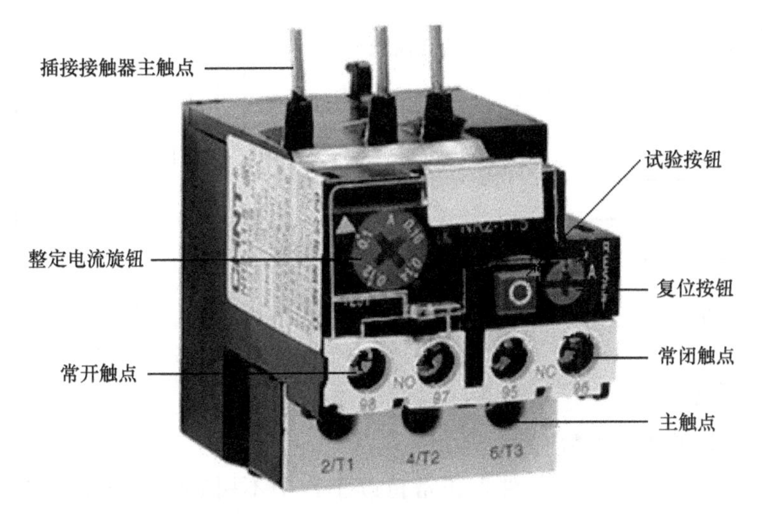

图 1－8　JR36 系列热继电器的外形结构

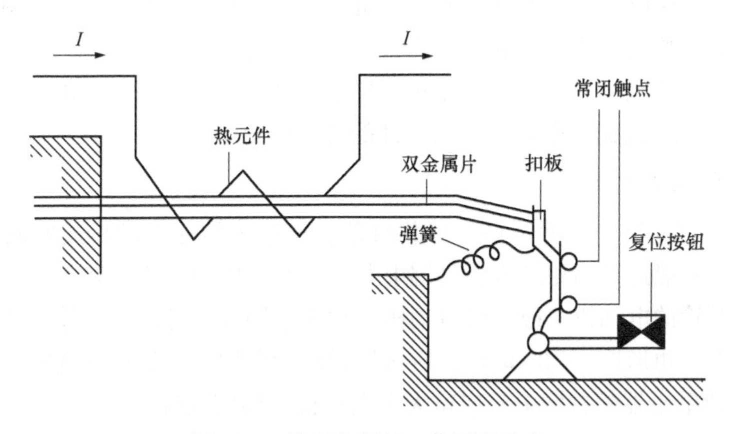

图 1－9　热继电器的工作原理示意

时，流过热元件的电流增大，热元件产生的热量使双金属片中的下层金属的膨胀变长速度大于上层金属的膨胀速度，从而使双金属片向上弯曲。经过一定时间后，弯曲位移增大，使双金属片与扣扳分离。扣扳在弹簧的拉力作用下将常闭触点断开。常闭触点串接在电动机的控制电路中，控制电路断开使接触器的线圈断电，从而断开电动机的主电路。若要使热继电器复位，则按下复位按钮。由此可见，在控制系统主电路中，热继电器只能用做电动机的过载保护，而不能起到短路保护的作用。

2. 型号及电气符号

热继电器的种类繁多，目前我国生产并广泛使用的热继电器主要有 JR16、JR20、JR36、JRS 等系列产品，其型号含义如图 1－10 所示。热继电器在电气控制系统中的文字符号用 FR 来表示，其电气符号如图 1－11 所示。

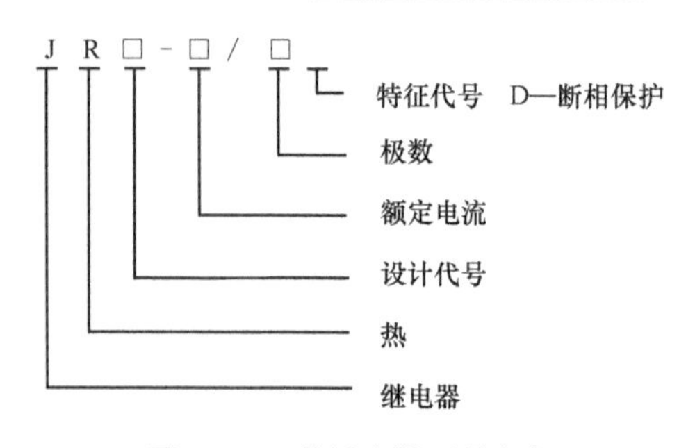

图1-10 热继电器型号含义

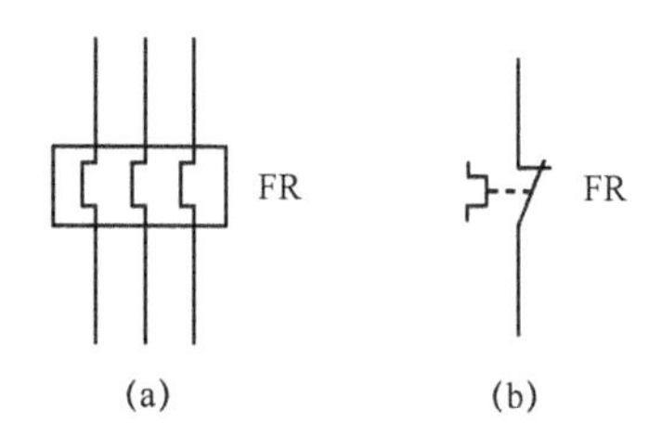

图1-11 热继电器电气符号

(a) 热元件；(b) 常闭触点

3. 主要参数

热继电器的主要参数有：

(1) 整定电流：指热元件在正常持续工作中不引起热继电器动作的最大电流值。当发热元件中通过的电流超过整定电流值的20%时，热继电器应在20分钟内动作。热继电器的整定电流大小可通过整定电流旋钮来改变。选用和整定热继电器时应使整定电流值与电动机的额定电流一致。

(2) 额定电流：指热继电器中可以安装的热元件的最大整定电流值。

(3) 热元件的额定电流：指热元件的最大整定电流值。

4. 热继电器的选用

(1) 热继电器的类型选择。轻载启动、长期工作的电动机或间断长期工作的电动机，一般选择两相结构的热继电器；电源电压的均衡性和工作环境较差或较少有人照管的电动机，或多台电动机的功率差别较大时，可选择三相结构的热继电器；而三角形连接的电动机，应选用带断相保护装置的热继电器。

(2) 热继电器的额定电流应略大于电动机的额定电流。

(3) 热继电器的整定电流选择。热继电器的整定电流是指热继电器长期不动作的最大电流，超过此值即动作。一般情况下，将热继电器的整定电流调整到等于电动机的额定电流即可。但对于启动时负载较重的电动机，整定电流可略大于电动机的额定电流。

1.3.2 时间继电器

时间继电器是电路中控制动作时间的继电器，它是一种利用电磁原理或机械动作原理来实现触点延时接通或断开的控制电器。

时间继电器的种类很多，按照构成原理分为电磁式、电子式、空气阻尼式、晶体管式及数字式等。

电磁式时间继电器一般在直流控制电路中应用较广，它是利用电磁阻尼原理，在直流电压继电器的线圈电路或结构上采取措施以达到延时的目的。

数字式时间继电器是目前发展最快、最有前途的电子器件。其特点是延时范围广、精度高、体积小、便于调节、寿命长。

空气阻尼式时间继电器又称气囊式时间继电器，它是利用空气阻尼作用达到延时的目的，主要由电磁机构、延时机构和触点组成。空气阻尼式时间继电器的电磁机构有交流、直流两种，延时方式有通电延时型和断电延时型两种。

通电延时型时间继电器的动作原理是：线圈通电时使触头延时动作，线圈断电时使触头瞬时复位。通电延时型时间继电器结构示意如图 1－12 所示。

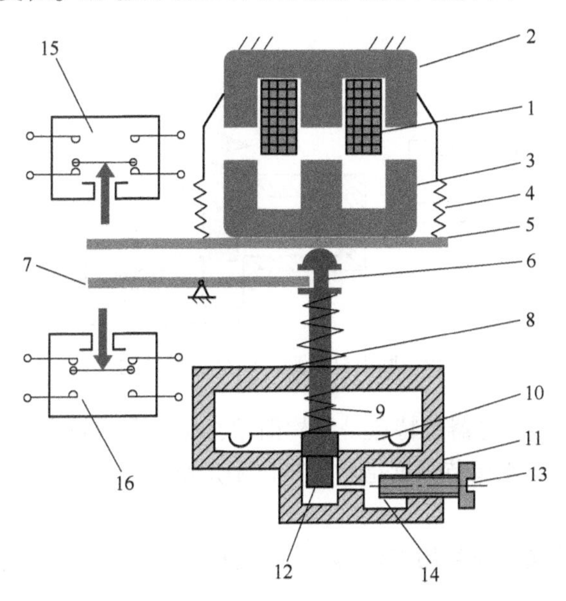

图 1－12　通电延时型时间继电器结构示意

1—线圈；2—铁芯；3—衔铁；4—反力弹簧；5—推板；6—活塞杆；7—杠杆；8—塔形弹簧；9—弱弹簧；10—橡皮膜；11—空气室壁；12—活塞；13—调节螺杆；14—进气孔；15—瞬时触点；16—延时触点

当线圈 1 得电后，铁芯 2 和衔铁 3 吸合，触点 15 在推板 5 的推动下瞬时动作。活塞杆 6 在塔型弹簧 8 的作用下带动活塞 12 及橡皮膜 10 向上移动，橡皮膜下方空气室变得稀薄，形成负压，活塞杆只能缓慢移动，其移动速度由进气孔 14 的气隙大小来决定。经过一段延时后，活塞杆 6 通过杠杆 7 压动触点 16，使其触点动作，起到通电延时的作用。由线圈得电到触点动作的时间为时间继电器的延时时间，其大小可以通过调节螺杆 13 调节进气孔气隙大小来改变。

当线圈断电时，衔铁释放，橡皮膜下方空气室内的空气通过活塞肩部所形成的单向阀迅速地排出，使活塞杆、杠杆、触点等都迅速复位。

断电延时型时间继电器的动作原理是：线圈通电时使触头瞬时动作，线圈断电时使触头延时复位。断电延时型的结构、工作原理与通电延时型相似，只是电磁铁安装方向不同，即当衔铁吸合时推动活塞复位，排出空气。当衔铁释放时活塞杆在弹簧作用下使活塞向下移动，实现断电延时。断电延时型时间继电器结构示意如图 1－13 所示。

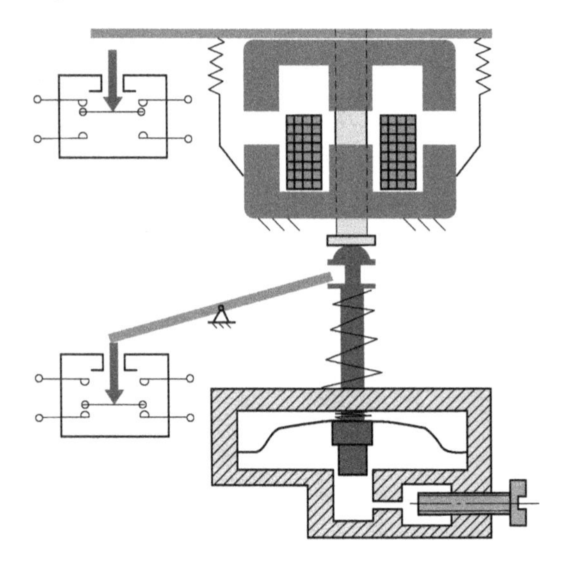

图 1－13　断电延时型时间继电器结构示意

空气阻尼式时间继电器的特点是结构简单，延时范围较大，可达 0.4～180 s。但其延时误差较大，无调节刻度指示，难以确定整定延时值，适用于要求较低的延时场合。

时间继电器的文字符号用 KT 表示，电气符号如图 1－14 所示。

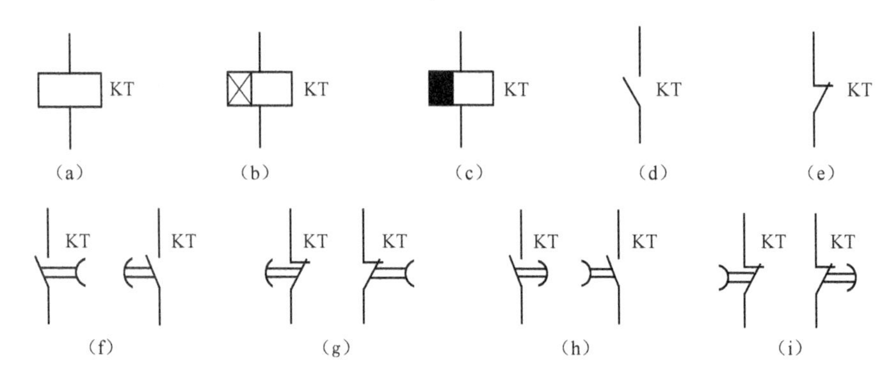

图 1－14　时间继电器电气符号

(a) 线圈一般符号；(b) 通电延时型线圈；(c) 断电延时型线圈；(d) 瞬时常开触点；(e) 瞬时常闭触点；(f) 延时闭合常开触点；(g) 延时断开常闭触点；(h) 延时断开常开触点；(i) 延时闭合常闭触点

1.3.3　电流继电器

根据线圈中电流的大小通断电路的继电器称为电流继电器。电流继电器特点是其线圈串接于电路中，导线粗、匝数少、阻抗小。电流继电器按用途可分为过电流继电器和欠电流继电器。

1. 过电流继电器

当线圈通过的电流为额定值时，所产生的电磁吸力不足以克服弹簧的反作用力，此时衔铁不动作。当线圈通过的电流超过整定值时，电磁吸力大于弹簧的反作用力，铁芯吸引衔铁动作，带动常闭触点断开，常开触点闭合。调整反作用弹簧的作用力，可整定继电器的动作电流值。通常，交流过电流继电器的吸合电流整定范围为额定电流的1.1～4倍，直流过电流继电器的吸合电流整定范围为额定值的0.7～3.5倍。它主要用于频繁启动和重载启动的场合，作为电动机主电路的过载和短路保护。

2. 欠电流继电器

正常工作时，欠电流继电器的衔铁处于吸合状态。如果电路中负载电流过低，并且低于欠电流继电器线圈的释放电流时，其衔铁打开，触点复位，从而切断电气设备的电源，实现欠电流保护。通常，欠电流继电器的吸合电流为额定电流值的30%～65%，释放电流为额定电流值的10%～20%。

电流继电器文字符号用KI表示，其电气符号如图1－15所示。

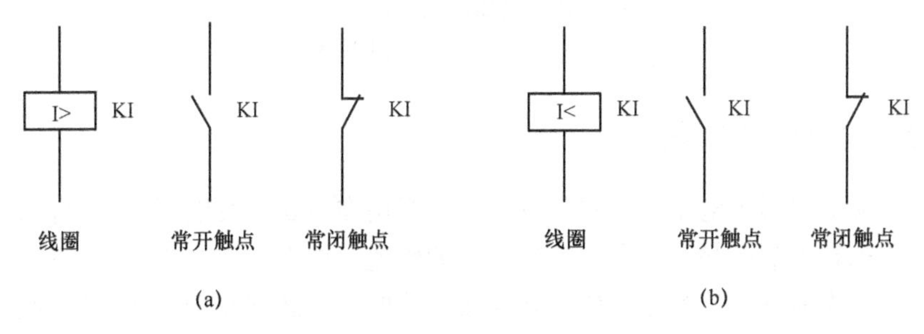

图1－15　电流继电器电气符号

(a) 过电流继电器；(b) 欠电流继电器

1.3.4　电压继电器

根据线圈两端电压的大小通断电路的继电器称为电压继电器。其结构与电流继电器相似，不同的是电压继电器的线圈与被测电路并联，以反映电压的变化，因此，它的吸引线圈匝数多、导线细、电阻大。电压继电器按用途也可分为过电压继电器和欠电压继电器。

1. 过电压继电器

过电压继电器在电路中用于过电压保护。当其线圈为额定电压值时，衔铁不产生吸合动作，只有当电压高于额定电压105%～115%时才产生吸合动作，当电压降低到释放电压时，触点复位。

2. 欠电压继电器

欠电压继电器在电路中用于欠电压保护。当其线圈在额定电压下工作时，欠电压继电器的衔铁处于吸合状态。如果电路出现电压降低，并且低于欠电压继电器线圈的释放电压时，其衔铁打开，触点复位，从而控制接触器及时切断电气设备的电源。

通常，欠电压继电器的吸合电压的整定范围是额定电压的30% ~50%，释放电压的整定范围是额定电压的10% ~35%。

电压继电器文字符号用KV表示，其电气符号如图1－16所示。

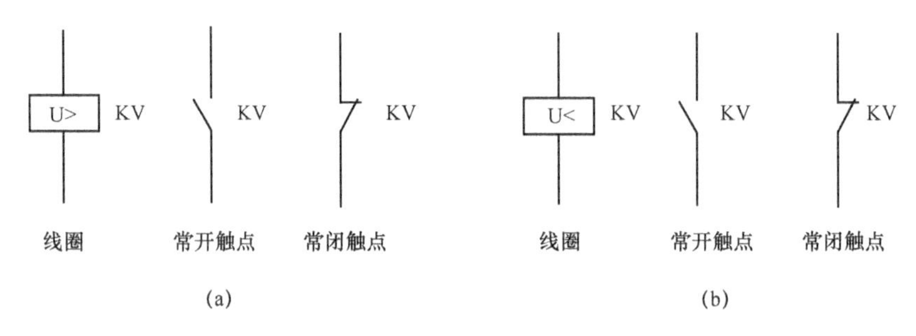

图1－16　电压继电器电气符号

（a）过电压继电器；（b）欠电压继电器

1.3.5　中间继电器

中间继电器属于电压继电器的一种，主要用在500 V及以下的小电流控制回路中，用来扩大辅助触点数量，实现信号的传递、放大、转换等作用。中间继电器结构和工作原理与接触器相似，其与接触器的主要区别在于：接触器的主触头可以通过大电流，而中间继电器的触头只能通过小电流，因此，它只能用于控制电路中。由于中间继电器过载能力比较小，所以没有主触点，全部都是辅助触点，而且数量比较多，可达8对，并且动作灵敏。

中间继电器文字符号用KA表示，其电气符号如图1－17所示。

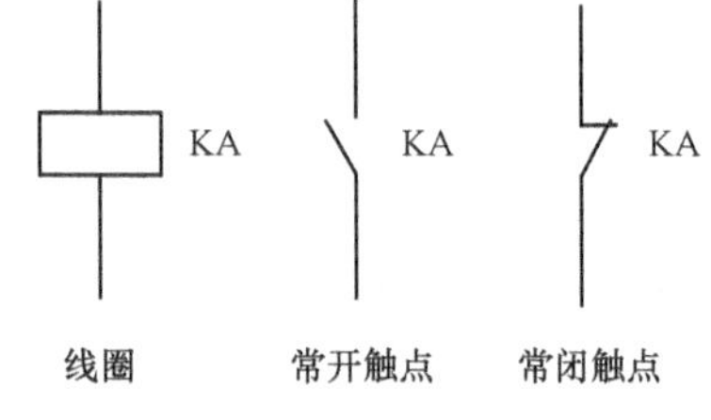

图1－17　中间继电器电气符号

1.3.6　速度继电器

根据速度的大小通断电路的继电器称为速度继电器，它常用于电动机反接制动线路中，用于超速保护，即当电机超速时会发出报警、限速或切断供电；也有的是检测零速的，即判别电机是否已停止。当速度达到规定值时继电器动作，当速度下降到接近零时自动切断电源。

感应式电速度继电器是根据电磁感应原理制成的，在结构上主要由转子、定子、绕组及触点组成，其结构原理如图 1 - 18 所示。速度继电器的转轴与电动机的轴相连接，转子固定在轴上，定子与轴同心。当电动机转动时，速度继电器的转子随之转动，绕组切割磁场产生感应电动势和电流，此电流和永久磁铁的磁场作用产生转矩，使定子向轴的转动方向偏摆，通过摆锤拨动触点，使常闭触点断开，常开触点闭合。当电动机转速下降到接近零时，转矩减小，摆锤在弹簧力的作用下恢复原位，触点也复位。

速度继电器的动作速度一般不低于 120 r/min，复位转速约在 100 r/min 以下，该数值可以调整。工作时，允许的转速高达 1 000 ~ 3 600 r/min。由速度继电器的正转和反转切换触点的动作，来反映电动机转向和速度的变化。

速度继电器的文字符号用 KS 表示，其电气符号如图 1 - 19 所示。

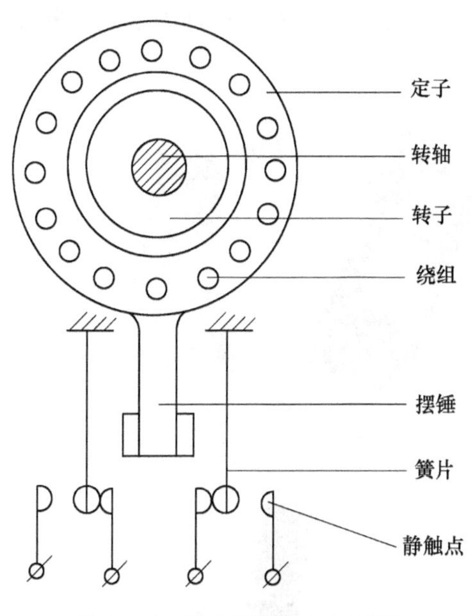

图 1 - 18　速度继电器结构原理

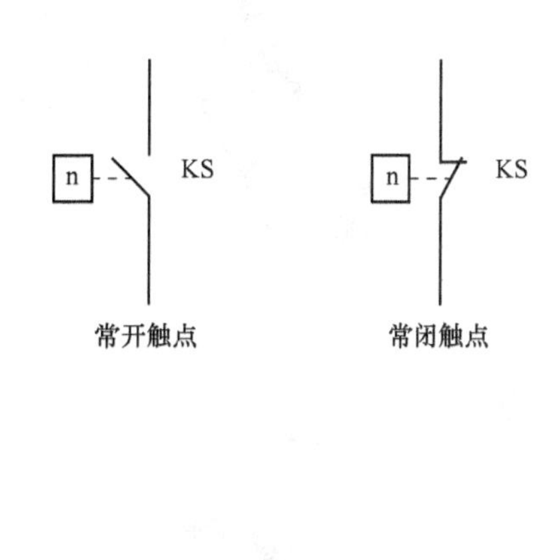

图 1 - 19　速度继电器电气符号

1.4　熔断器

熔断器是一种结构简单、使用维护方便、体积小、价格便宜的保护电器，广泛用于照明电路中的过载和短路保护及电动机电路中的短路保护。使用时，串联在被保护的电路中。当电路发生短路故障，流过熔断器的电流达到或超过某一规定值时，使熔体产生热量而熔断，从而自动分断电路，起到保护作用。

1.4.1 结构与工作原理

熔断器主要由熔体和安装熔体的熔管两部分组成，俗称保险丝。熔体材料一般为低熔点的金属材料，如铅、锡、锌、银、铜及合金等，常做成丝状、片状或栅状。熔管是由陶瓷、硬质纤维制成的管状外壳，起保护作用。熔管的作用主要是为了便于熔体的安装并作为熔体的外壳，在熔体熔断时兼有灭弧的作用。

工作中，熔体串接于被保护电路，既是感测元件，又是执行元件；当电路发生短路或严重过载故障时，通过熔体的电流超过一定的额定值，使熔体发热，当达到熔点温度时，熔体某处自行熔断，从而分断故障电路，起到保护作用。

熔断器种类很多，常用的有瓷插式熔断器、螺旋式熔断器、有填料式熔断器、无填料密封式熔断器、快速熔断器、自恢复式熔断器、户外跌落式熔断器等，其实物如图 1－20 所示。

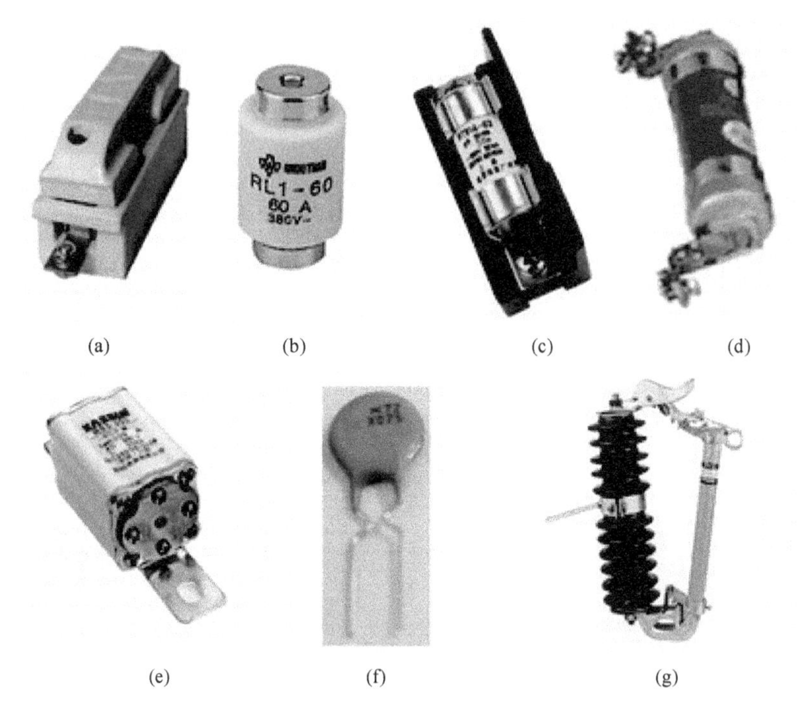

图 1－20 熔断器实物

（a）瓷插式熔断器；（b）螺旋式熔断器；（c）有填料式熔断器；（d）无填料式熔断器；（e）快速熔断器；（f）自恢复式熔断器；（g）户外跌落式熔断器

1. 瓷插式熔断器

瓷插式熔断器多用于低压分支电路的短路保护，常见型号为 RC1A 系列。

2. 螺旋式熔断器

螺旋式熔断器多用于机床电气控制线路的短路保护。此类熔断器在瓷帽上有明显的分断指示器，便于发现分断情况；换熔体简单方便，不需任何工具。目前，常用螺旋式熔断器产品有 RL6、RL7 系列。

3. 封闭管式熔断器

封闭管式熔断器可分为以下三种：

无填料式熔断器：多用于低压电网、成套配电设备的保护，型号有 RM7、RM10 系列等。

有填料式熔断器：熔管内装有石英砂，用于具有较大短路电流的电力输配电系统，常见型号为 RT0 系列。

快速熔断器：主要用于硅整流管及其成套设备的保护，其特点是熔断时间短、动作快，常用型号有 RLS、RSO 系列。

4. 自恢复式熔断器

自恢复式熔断器的特点是能重复使用，不必更换熔体。其熔体采用金属钠，因为它具有常温时电阻很小，高温气化时电阻值骤升，故障消除后温度下降，气态钠回归固态钠等良好导电性恢复的特性。

5. 户外跌落式熔断器

户外跌落式熔断器用于交流 50 Hz 额定电压为 10 kV 的电力系统中，主要用于输电线路和电力变压器的短路和过负荷保护。常用的型号有 RW3、RW7 系列等。

1.4.2　规格型号及电气符号

熔断器的型号含义及电气符号如图 1－21 所示。

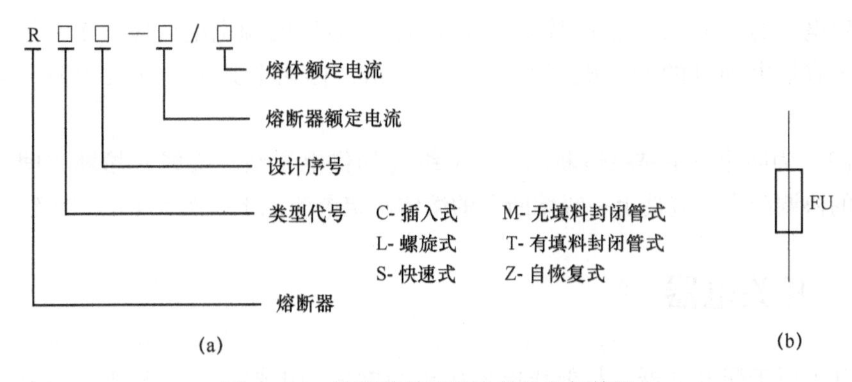

图 1－21　熔断器的型号含义及电气符号

(a) 型号含义；(b) 电气符号

1.4.3 主要技术参数

低压熔断器的主要参数有以下几项。

1. 额定电压

额定电压能保证熔断器长期正常工作的电压。

2. 额定电流

额定电流保证熔断器在长期工作制下，各部件温升不超过极限允许温升所能承载的电流值。

3. 熔体的额定电流

熔体的额定电流是指在规定工作条件下，长时间通过熔体而熔体不熔断的最大电流值。

4. 分断能力

分断能力是指熔断器在规定的使用条件下，能可靠分断的最大短路电流值。通常用极限分断电流值来表示。

1.4.4 熔断器的选用

熔断器的选择，主要是选择其种类、额定电压、熔断器额定电流等级和熔体的额定电流。

额定电压是根据所保护电路的工作电压来选择的。熔断器的额定电流应大于或等于所装熔体的额定电流。熔体电流的选择是熔断器选择的核心。

（1）电阻性负载或照明电路。一般按负载额定电流的1～1.1倍选用熔体的额定电流，进而选定熔断器的额定电流。

（2）电动机控制电路。对于单台电动机，一般选择熔体的额定电流为电动机额定电流的1.5～2.5倍；对于多台电动机，熔体的额定电流应大于或等于其中最大容量电动机的额定电流的1.5～2.5倍，再加上其余电动机的额定电流之和。

（3）为防止发生越级熔断，上、下级（如供电干线、支线）熔断器间应有良好的协调配合，应使上一级熔断器的熔体额定电流比下一级大1～2个级差。

1.5 开关电器

开关属于配电电器，是低压电器中极为常用的电器之一，其作用是分合电路、通断电流，主要用于电能的分配和小型电器设备的控制，被广泛应用于各类设备上。它包括刀开关、断路器等。

1.5.1　刀开关

刀开关又称闸刀开关，是结构最简单、应用最广泛的一种手动电器。刀开关在低压电路中用于不频繁地接通和分断电路，或用于隔离电路与电源，故又称“隔离开关”。

刀开关的种类很多，外形结构各异。刀开关按刀的极数可分为单级、双极和三极；按刀的转换方向可分为单掷和双掷；按灭弧情况可分为带灭弧罩和不带灭弧罩；按接线方式可分为板前接线式和板后接线式。刀开关主要有以下几种。

1. 板式刀开关（不带熔断器式刀开关）

板式刀开关用于不频繁地手动接通、断开电路和隔离电源。刀开关由绝缘底板、静插座、手柄、触刀和铰链支座等组成，其外形及电气符号如图 1 – 22 所示。

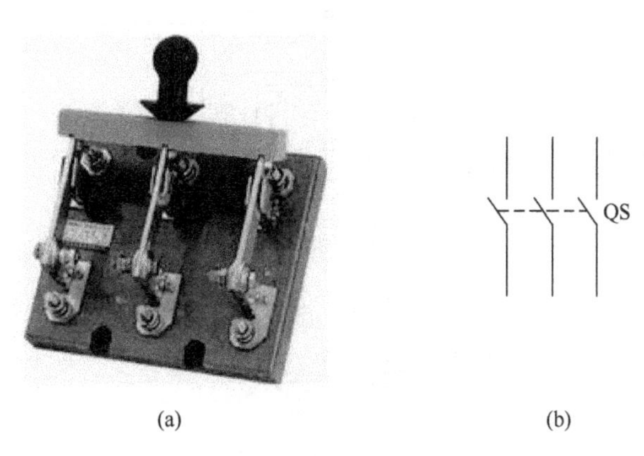

(a)　　(b)

图 1 – 22　板式刀开关外形及电气符号

（a）外形；（b）电气符号

2. 开启式负荷开关（胶盖开关）

开启式负荷开关又称胶盖开关，用做电源开关、隔离开关和应急开关，并作电路保护用。开启式负荷开关由刀开关和熔断器组合而成。瓷底板上装有进线座、静触头、熔丝、出线座及刀片式动触头，工作部分用胶木盖罩住，以防电弧灼伤人手。其外形与电气符号如图 1 – 23 所示。

3. 封闭式负荷开关（铁壳开关）

封闭式负荷开关又称铁壳开关，用于手动通断电路及短路保护。封闭式负荷开关外形、内部结构及电气符号如图 1 – 24 所示。

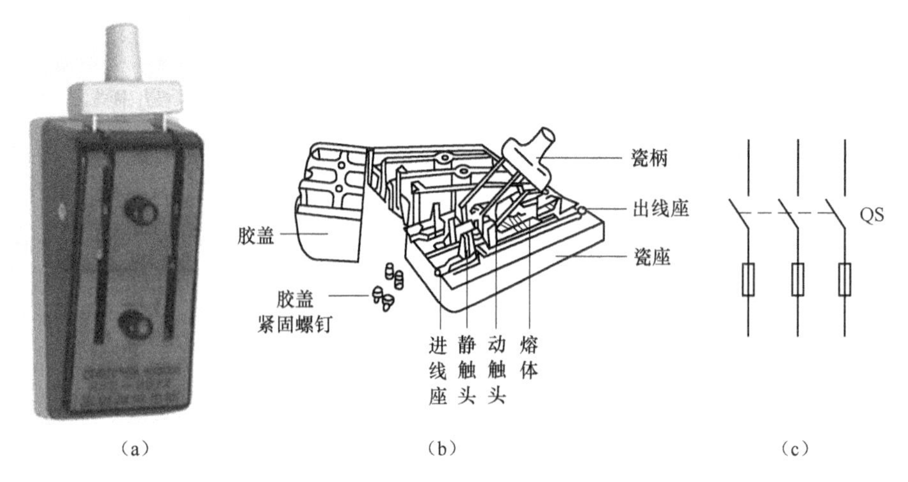

图 1-23 开启式负荷开关外形及电气符号
(a) 外形；(b) 内部结构；(c) 电气符号

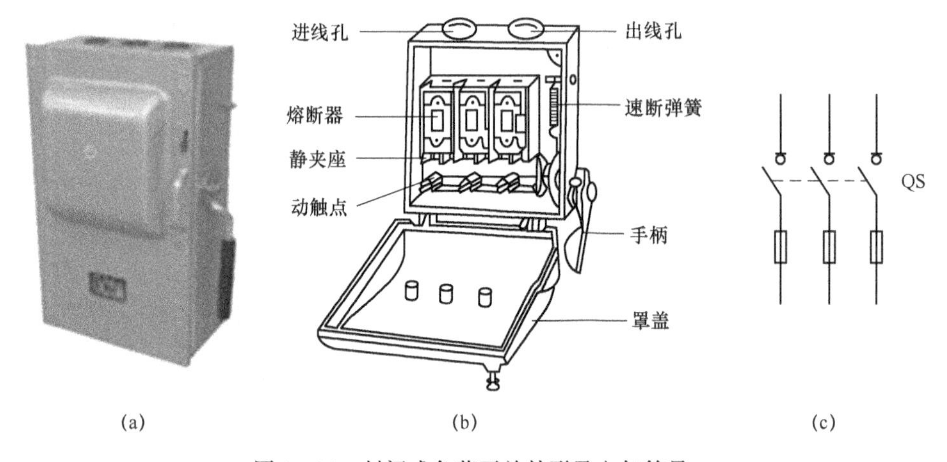

图 1-24 封闭式负荷开关外形及电气符号
(a) 外形；(b) 内部结构；(c) 电气符号

1.5.2 低压断路器

低压断路器又称自动空气开关，它是一种既有手动开关作用，又能自动进行失压、欠压、过载和短路保护的电器。它可用来分配电能，不频繁地启动异步电动机，对电源线路及电动机实行保护，当它们发生严重的过载或短路及欠电压等故障时能自动切断电路，相当于刀开关、熔断器、热继电器和欠电压继电器的组合，而且在分断故障电流后一般不需要更换零部件。低压断路器具有操作安全、工作可靠、动作值可调、分断能力较强等优点，得到广泛应用，是低压配电网络和电力拖动系统中重要的综合性保护电器之一。

1. 结构与工作原理

低压断路器按其结构形式可分为塑壳式低压断路器和框架式低压断路器（万能式）两大类。框架式断路器主要用做配电网络的保护开关，而塑壳式断路器除用做配电网络的保护开关外，还用做电动机和照明线路的控制开关。常用低压断路器的外形如图1－25所示。

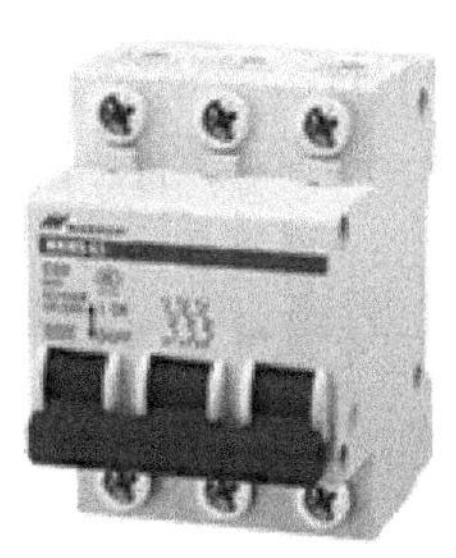

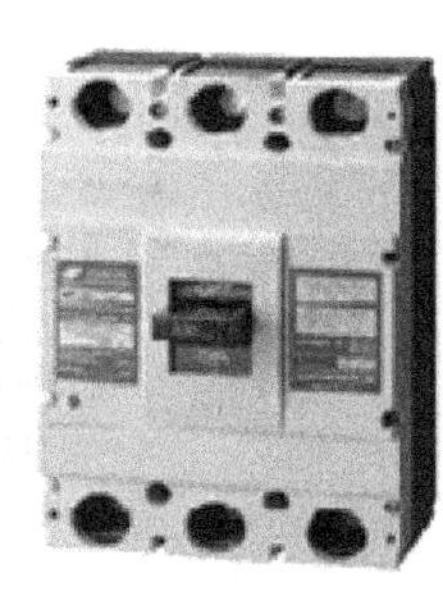
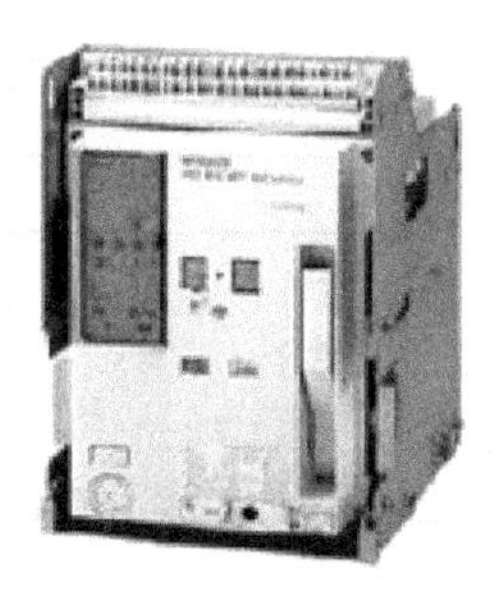

图1－25　常用低压断路器

低压断路器主要由触头、灭弧系统、各种脱扣器和操作机构等组成，其结构原理如图1－26所示。三副主触头串联在被保护的三相主电路中，由于搭钩钩住弹簧，使主触头保持闭合状态。当线路正常工作时，电磁脱扣器中线圈所产生的吸力不能将它的衔铁吸合。当线路发生短路时，电磁脱扣器的吸力增加，将衔铁吸合，并撞击杠杆把搭钩顶上去，在弹簧的作用下切断主触点，实现短路保护。当线路上电压下降或失去电压时，欠电压脱扣器的吸力减小或失去吸力，衔铁被弹簧拉开，撞击杠杆把搭钩顶开，切断主触头，实现失压保护。当线路过载时，热脱扣器的双金属片受热弯曲，也把搭钩顶开，切断主触头，实现过载保护。

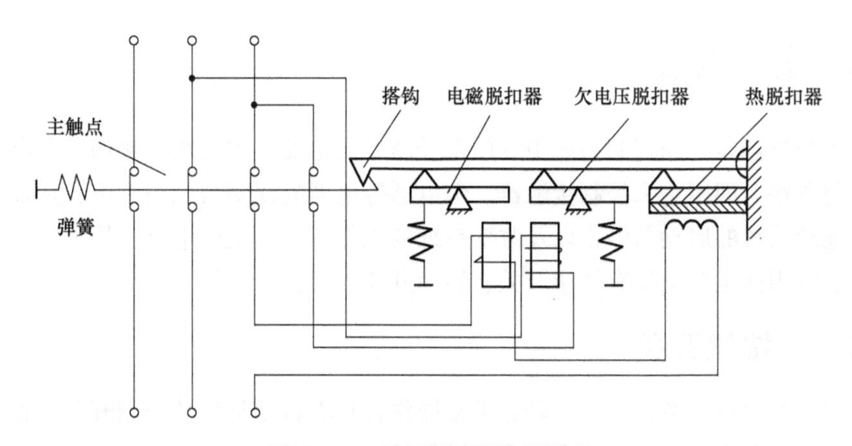

图1－26　低压断路器结构原理

2. 型号含义及电气符号

低压断路器常用型号有 DW10、DW15、DZ10、DZ20、DS、DWX15 和 DZX10 等系列。低压断路器型号含义及电气符号如图 1－27 所示。

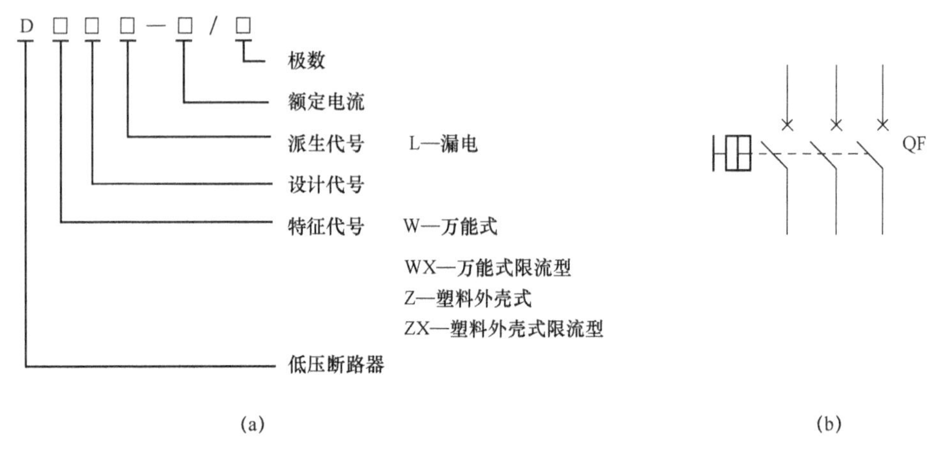

图 1－27 低压断路器型号含义及电气符号

(a) 型号含义；(b) 电气符号

3. 低压断路器的选用

选择低压断路器时主要考虑以下几个方面：

(1) 断路器额定电压、额定电流应大于或等于控制线路或设备的正常工作电压、工作电流。

(2) 断路器极限通断能力大于或等于控制线路最大短路电流。

(3) 欠电压脱扣器额定电压等于控制线路额定电压。

(4) 过电流脱扣器的额定电流应大于或等于控制线路的最大负载电流。

1.6 主令电器

主令电器是自动控制系统中专门发号施令的电器，主要用来接通、分断和切换控制电路，即用它来控制接触器、继电器等电器的线圈得电与失电，从而控制电力拖动系统的启动与停止以及改变系统的工作状态。主令电器应用广泛，种类繁多。常用的主令电器有按钮开关、转换开关、行程开关等。

1.6.1 按钮开关

按钮开关俗称按钮，是一种靠手动操作且具有自动复位的控制开关。按钮结构简单，应用广泛，其触点允许通过的电流一般不超过 5 A，主要用来短时间接通或断开接触器、继电器等线圈回路。按钮的种类很多，主要分为点按式、旋钮式、指示灯式、钥匙式、蘑菇帽紧急式等。为了适用于不同的工作场合，按钮的外形结构也各有不同，如图 1－28 所示。

图 1－28　常用按钮

1. 结构与工作原理

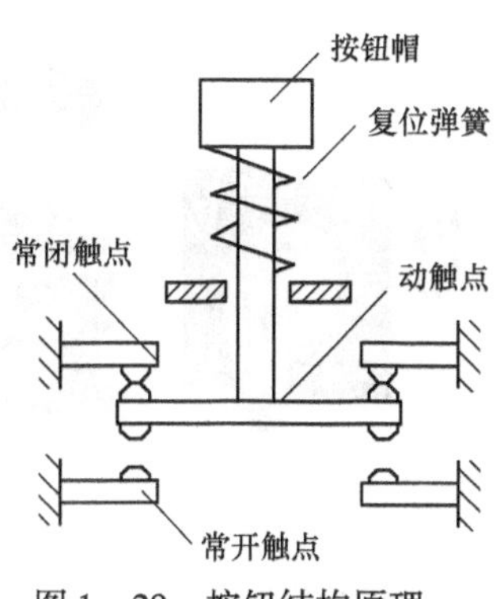

图 1－29　按钮结构原理

按钮主要由按钮帽、复位弹簧、桥式动触点、常闭常开触点、支柱连杆及外壳等部分组成。按钮的结构原理如图 1－29 所示。工作时常开和常闭触点是联动的，这种按钮称为复合按钮。当按下按钮时，常闭触点先断开，常开触点随后闭合；而松开按钮时，其动作过程与之相反。在分析实际控制电路过程时，应特别注意：常开和常闭触点在改变工作状态时，先后有很短的时间差。

2. 型号含义及电气符号

图 1－30 中结构形式代号的含义是：K—开启式；H—保护式；S—防水式；F—防腐式；J—紧急式；X—旋钮式；Y—钥匙操作式；D—带灯按钮。

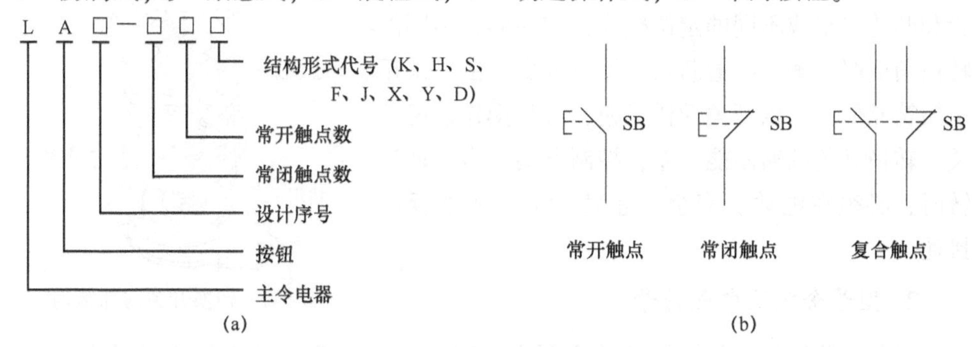

图 1－30　按钮型号含义及电气符号

（a）型号含义；（b）电气符号

3. 按钮的选用

(1) 根据使用场合和具体用途的不同要求，按照电器产品选用手册来选择不同型号和规格的按钮。

(2) 根据控制系统的设计方案对工作状态指示和工作情况要求合理选择按钮或指示灯的颜色，如启动按钮选用绿色，停止按钮选择红色等。

(3) 根据控制回路的需要选择按钮的数量，如单联钮、双联钮和三联钮等。

1.6.2 转换开关

转换开关又称组合开关，是一种多触点、多档位结构、能够控制和转换多个电路的手动操作的开关电器。因其结构紧凑、安装面积小、操作方便而得到广泛应用。由于其应用范围广、能控制多条回路，故称为“万能转换开关”。

1. 结构与工作原理

转换开关结构形式有很多种，其常用外形如图 1－31 所示。

图 1－31 常用转换开关

转换开关主要由操作结构、手柄、面板、定位装置和触点系统等组成，其内部结构如图 1－32 所示。手柄可正反方向旋转，由各自的凸轮控制其触头通断。定位装置采取棘轮棘爪式结构，不同的棘轮和凸轮可组成不同的定位模式，使手柄在不同的转换角度时，触头的通断状态得以改变。由于采用了扭簧储能，所以开关动作迅速，且与操作速度无关。转换开关的通断能力差，控制电动机做可逆运转时，必须在电动机完全停止转动后，才能反向接通。

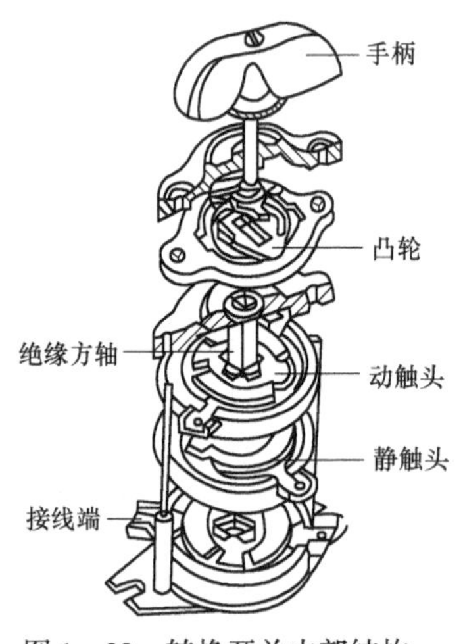

图 1－32 转换开关内部结构

2. 型号含义及电气符号

目前，我国生产的转换开关主要有 LW5、LW6 系列，其型号含义及电气符号如图 1－33 所示。

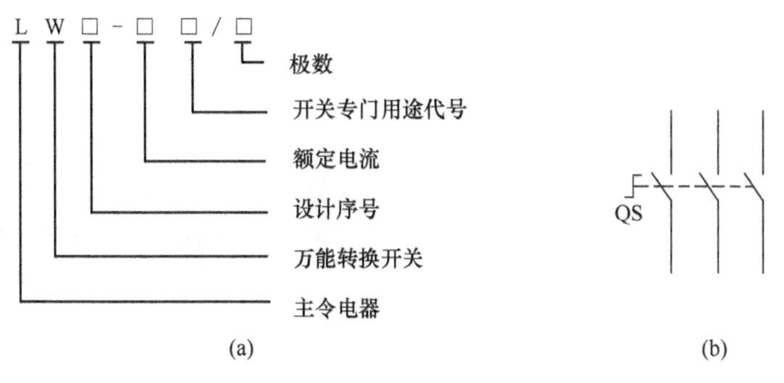

图1-33 转换开关型号含义及电气符号
(a) 型号含义；(b) 电气符号

3. 转换开关的选用

(1) 转换开关的额定电压应大于等于安装地点线路的电压等级。

(2) 用于照明或电加热电路时，转换开关的额定电流应大于等于被控制电路中负载电流。

(3) 用于电动机电路时，转换开关的额定电流是电动机额定电流的1.5～2.5倍。

(4) 当操作频率过高或负载的功率因数较低时，转换开关要降低容量使用，否则会影响开关寿命。

1.6.3 行程开关

行程开关又称限位开关或位置开关，用于机械设备运动部件的位置检测。它不需要人为控制，是一种自动电器，其主要是利用生产机械运动部件的碰撞，使其触点动作来发出控制指令，实现对生产机械的控制。行程开关主要用于行程控制、位置控制及极限位置保护。

1. 结构与工作原理

行程开关按其结构可分为直动式、滚轮式和微动式；按其复位方式可分为自动复位式和非自动复位式；按其触点性质可分为触点式和无触点式。为适应各种条件下的碰撞，行程开关有很多构造型式，用来限制机械运动的位置或行程以及使运动机械按一定行程自动停车、反转或变速、循环等，以实现自动控制的目的。各种系列行程开关的基本结构相同，都是由操作机构、触头系统和外壳三部分组成，区别仅在于使行程开关动作的传动装置不同。常用行程开关外形如图1-34所示。

无触点位置开关又称接近开关。它具有行程开关的功能，其动作原理是当物体接近到开关的一定距离时就会发出“动作”信号，不需要施加机械外力。接近开关可广泛应用于产品计数、测速、液面控制、金属检测等领域中。由于接近

图 1－34　常用行程开关

开关具有体积小、可靠性高、使用寿命长、动作速度快以及无机械碰撞、无电气磨损等优点。因此，在机电设备自动控制系统中得到了广泛应用。常用接近开关结构外形如图 1－35 所示。

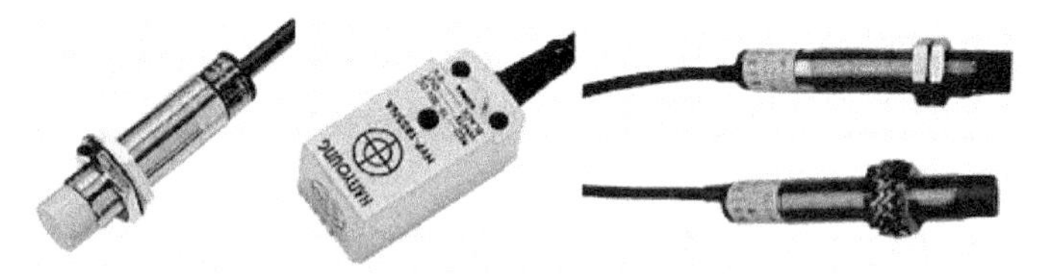

图 1－35　常用接近开关

按钮式行程开关的结构及工作原理与按钮类似，其内部结构如图 1－36（a）所示。滚轮式行程开关内部结构如图 1－36（b）所示，其动作原理是当运动部件的挡铁碰压行程开关的滚轮时，推杆连同转轴一起转动，使凸轮推动撞块，当撞块被压到一定位置时，推动微动开关快速动作，使其常闭触点断开，常开触点闭合。

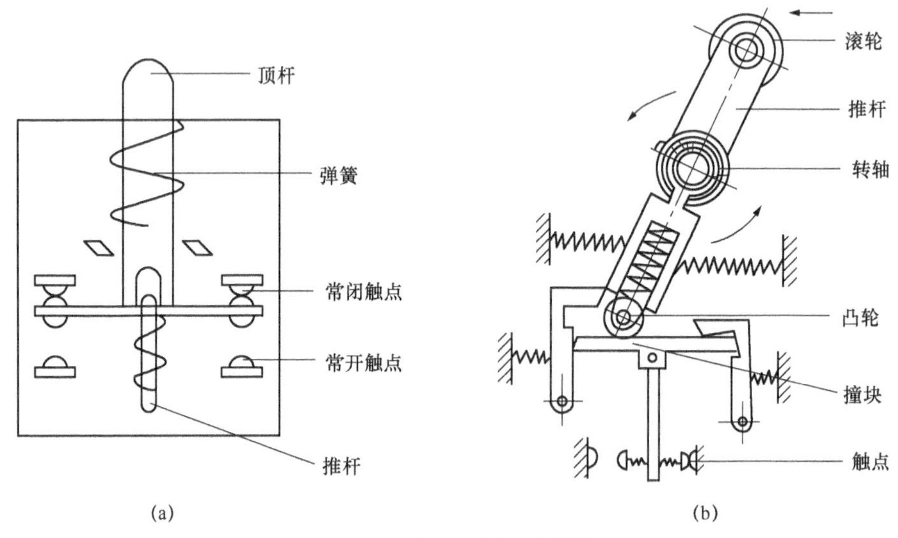

图 1－36　行程开关内部结构

（a）按钮式；（b）滚轮式

2. 型号含义及电气符号

目前，常用的行程开关有 LX－10、LX－19 和 LX－32 等系列，其型号含义及电气符号如图1－37所示。

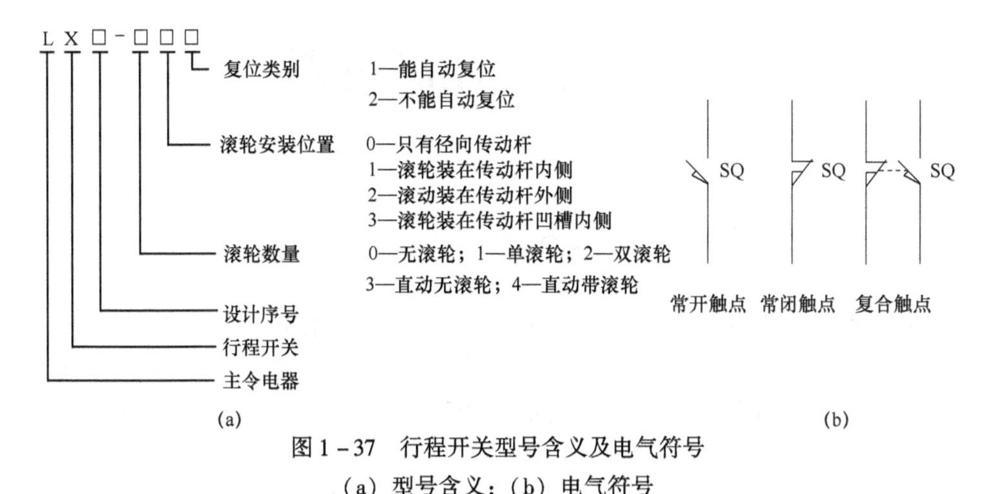

图1－37　行程开关型号含义及电气符号

（a）型号含义；（b）电气符号

习　　题

1－1　什么是低压电器？

1－2　电磁机构由哪几部分组成？

1－3　触头的分类方式有哪些？

1－4　简述接触器的作用、结构及工作原理。

1－5　在电动机控制线路中，已装有接触器，为什么还要装电源开关？它们的作用有何不同？

1－6　什么是继电器？常用的继电器有哪些？

1－7　接触器与继电器有何异同？在电路中各起什么作用？

1－8　叙述熔断器的工作原理。熔断器在电路中起什么保护作用？

1－9　叙述热继电器的工作原理？热继电器在电路中起什么保护作用？

1－10　热继电器能否用做短路保护？为什么？

1－11　电动机启动时，启动电流较大，此时热继电器应不应该动作？为什么？

1－12　叙述自动空气开关的工作原理。它在电路中可起什么保护作用？优点是什么？

1－13　画出接触器、热继电器和熔断器的电路符号，并标注文字符号。

1－14　什么是主令电器？常用的主令电器有哪些？主令电器可否用来控制主电路？

1－15　什么是行程开关？它和按钮有何异同？

第2章

基本电气控制电路

2.1 电气控制系统的基本知识

电气控制系统是由各种有触点的接触器、继电器、按钮、行程开关等电气设备及电气元件按照一定的控制要求连接而成，实现对电力拖动系统的启动、正反转、制动、调速和保护等功能，满足生产工艺的要求，实现生产过程自动化控制。

为了表达生产设备的电气控制系统的结构、原理等设计意图，便于电气系统的安装、调试、使用和维修，需要将电气控制系统中各电气元件及其连接线路用一定的图形表达出来，即电气控制系统图。电气控制系统图一般包括电气原理图、电器布置图和电气安装接线图。图中用不同的图形符号来表示各种电气元件，用不同的文字符号来说明图形符号所代表的电气元件名称、用途及特征等信息。

2.1.1 图形符号和文字符号

电气控制系统图中的图形符号和文字符号必须符合国家标准规定。国家标准局参照国际电工委员会（IEC）颁布的标准，制定了我国电气设备有关国家标准。

图形符号由符号要素、一般符号及限定符号组成。符号要素是具有确定意义的简单图形，必须同其他图形组合构成一个设备或概念的完整符号。如接触器常开主触点符号，由接触器触点功能符号和常开触点符号组合而成。一般符号表示一类产品或此类产品特征的一种简单的符号，如电动机用一个圆圈表示。限定符号是提供附加信息的一种符号，它是加在其他符号上来使用的。

文字符号包括基本文字符号、辅助文字符号和补充文字符号。基本文字符号分为单字母符号和双字母符号。单字母符号表示各种电气设备、装置和元器件的大类，按拉丁字母顺序将其划分为23大类，每一类用一个专用单字母符号表示，如“R”表示电阻器类。双字母符号由一个表示种类的单字母符号与另一个字母组合而成，且以单字母符号在前，另一字母在后的次序列出，如“F”表示保护类器件，“FR”表示为热继电器。辅助文字符号表示电气设备、装置和元器件以及电路的功能、状态和特征。如“RD”表示红色，“L”表示限制。补充文字符号是当规定的基本文字符号和辅助文字符号不够用时，按国家标准中规定的文字符号予以补充的文字符号。

常用电气设备的图形符号和文字符号如附录 A 所示。

2.1.2　电气原理图

电气原理图用于表示电路、设备或成套装置的全部基本组成和连接关系。电气原理图是根据电气控制线路的工作原理来绘制的。它不按电气元件的实际位置来画，也不反映电气元件的大小、形状和安装位置，只用电气元件导电部件及其接线端钮来表示电气元件，用导线将电气元件导电部件连接起来，以反映其连接关系。

电气原理图一般分为主电路、控制电路及照明和指示电路。主电路是电气控制线路中强电流通过的部分，是由电动机以及与其相连接的电气元件（如空气开关、接触器主触点、热继电器、熔断器等）所组成的线路图。控制电路一般由按钮、接触器或继电器线圈以及各元件的触点组成。一般来说主电路相对简单、通过电流较大；控制电路相对复杂，通过电流较小，表示了电路的控制逻辑关系。照明和指示电路又称为信号电路，是系统的照明和电源指示等。

以某设备电气原理图 2－1 为例，来说明绘制电气原理图时应遵循的原则。

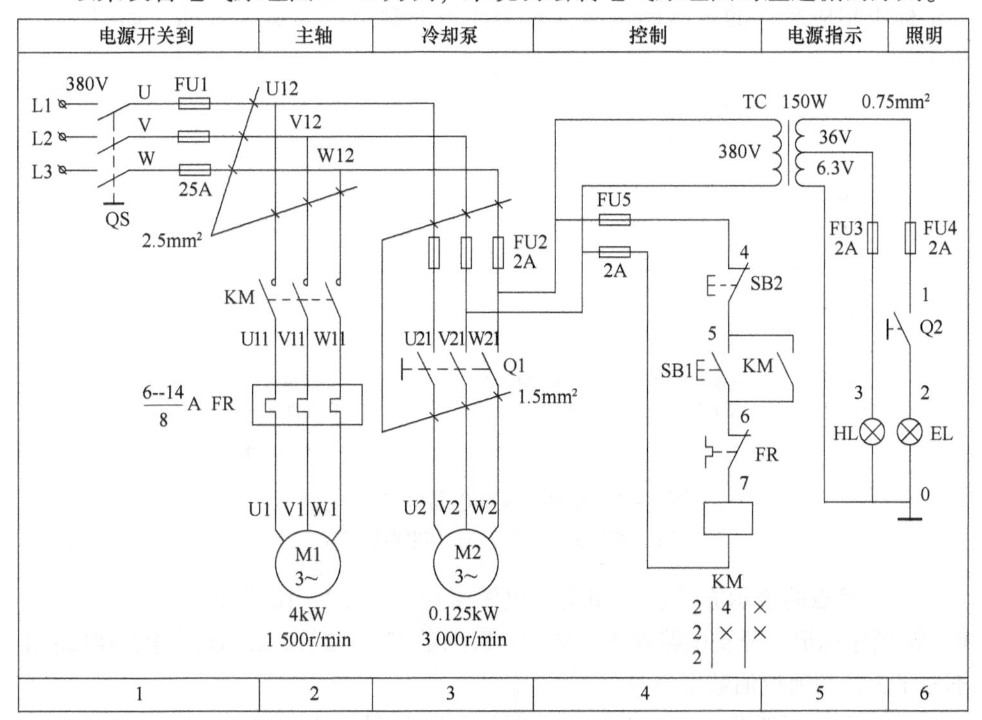

图 2－1　某设备电气原理

(1) 电气原理图中所有电器元件都应采用国家标准中统一规定的图形符号和文字符号表示。

(2) 主电路的电源电路一般绘制成水平线，受电的动力装置（如电动机）及其保护电器支路用垂直线绘制在图的左侧，控制电路及照明和指示电路用垂直线依次绘制在图面的右侧。

(3) 同一电器的各部件采用同一文字符号表明。当同一电器元件的不同部件（如线圈、触点）分散在不同位置时，为了表示是同一元件，要在电器元件的不同部件处标注统一的文字符号。对于同类器件，要在其文字符号后加数字序号来区别。如两个接触器，可用 KM1、KM2 文字符号区别。

(4) 所有电气元件的图形符号，均按电器未接通电源和没有受外力作用时的状态绘制。例如，对于继电器、接触器的触点，按其线圈不通电时的状态画出；控制器按手柄处于零位时的状态画出；对于按钮、行程开关等触点按未受外力作用时的状态画出。

(5) 为阅图方便，图中自左向右或自上而下表示操作顺序，并尽可能减少线条和避免线条交叉。根据图面布置需要，可以将图形符号旋转绘制，一般逆时针方向旋转 90°，但文字符号不可倒置。

(6) 将图分成若干图区，上方为该区电路的用途和作用，下方为图区号。在继电器、接触器线圈下方列有触点表，用以说明线圈和触点的从属关系。触点表中标明相应触点的索引图区号，对未使用的触点用“×”表明，如图 2-2 所示。

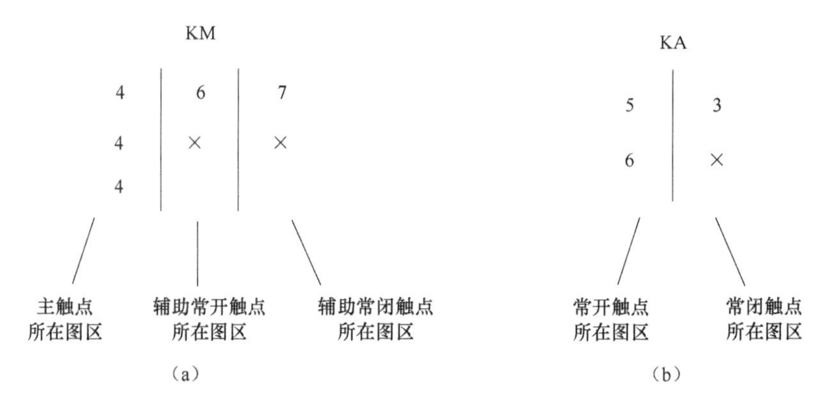

图 2-2 接触器及继电器触点表含义

(a) 接触器触点表；(b) 继电器触点表

(7) 接点的表示方法：三相交流电源采用 L1、L2、L3 标记；主电路按 U、V、W 顺序标记；分支电路在 U、V、W 后加数字 1、2、3 来标记；控制电路用不多于 3 位的阿拉伯数字编号。

(8) 电气原理图的全部电机、电器元件的型号、文字符号、用途、数量及额定技术数据等，均应填写在元件明细表内。

2.1.3　元件布置图

元件布置图表示机械设备上所有电气设备和元件的实际位置，是生产机械电气控制设备制造、安装和维修必不可少的技术文件。元件布置图根据设备的复杂程度可集中绘制在一张图上或控制柜、操作台的电气元件布置图分别绘出。绘制元件布置图时机械设备轮廓用双点划线画出，所有可见的和需要表达清楚的电气元件及设备，需要用粗实线绘出其简单的外形轮廓，如图 2－3 所示。

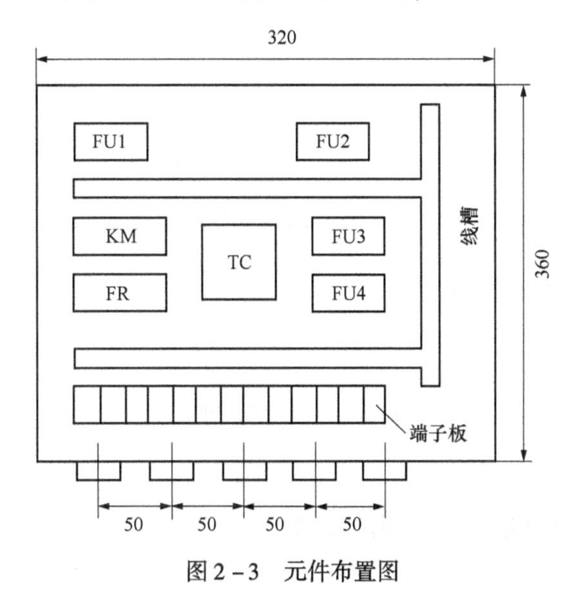

图 2－3　元件布置图

2.1.4　电气接线图

电气接线图主要用于安装接线、线路检查、线路维护和故障处理等，它表示在设备电控系统各单元和各元器件间的接线关系，并标注出所需数据，如接线端子号、连接导线参数等。实际应用中通常与电路图和位置图一起使用，如图 2－4 所示。

绘制电气接线图有以下原则：

（1）外部单元同一电器的各部件画在一起，其布置尽可能符合电器实际情况。

（2）各电气元件的图形符号、文字符号和回路标记均以电气原理图为准，并保持一致。

（3）不在同一控制箱和同一配电盘上的各电气元件必须经接线端子板进行连接。互连图中的电气互连关系用线束表示，连接导线应注明导线规格（数量、截面积），一般不表示实际走线途径。

(4) 对于控制装置的外部连接线应在图上或用接线表表示清楚，并注明电源的引入点。

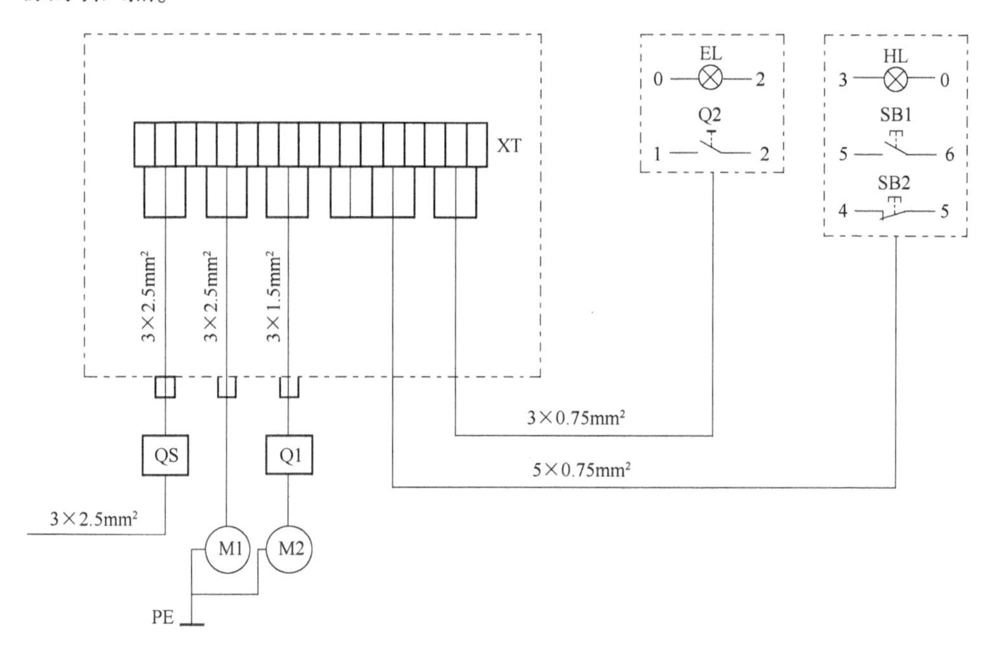

图 2-4 电气接线图

2.2 电动机的启动控制电路

电动机的启动是指电动机通电后由静止状态逐渐加速到稳定运行状态的过程。三相笼型异步电动机的启动有降压和全压启动两种方式。若将额定电压全部加到电动机定子绕组上使电动机启动，称为全压启动或直接启动。

三相异步电动机启动时，瞬间的启动电流会比较大。过大的启动电流一方面会引起供电线路上很大的压降，影响线路上其他用电设备的正常运行，另一方面电动机频繁启动会严重发热，加速线圈老化，缩短电动机的寿命。因此，对于不同类型和不同容量的电动机应采用不同的启动方法。

2.2.1 负荷开关直接启动控制电路

将额定电压全部加到电动机定子绕组上使电动机启动，称为全压启动或直接启动。

负荷开关直接启动控制电路如图 2-5 所示。在控制线路中，负荷开关 QS 起控制作用，熔断器 FU 起短

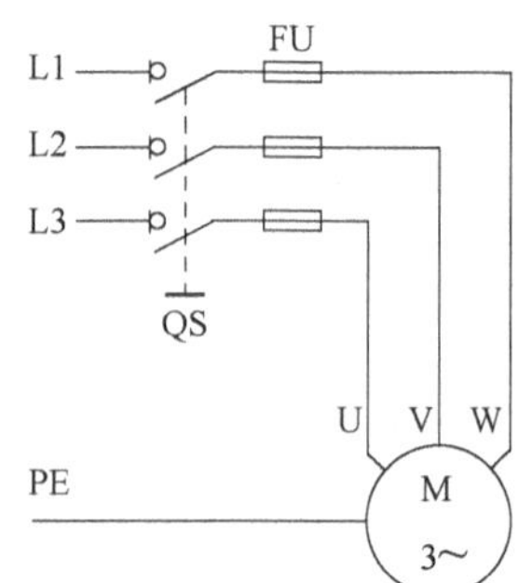

图 2-5 负荷开关直接启动控制电路

路保护作用。电路工作原理：合上负荷开关 QS，电动机 M 通电运转；断开负荷开关 QS，电动机 M 断电停转。

这种启动方法的主要优点是控制方式简单、启动时间短；主要缺点是启动电流对电网的影响较大，影响负载系统正常工作，但这种影响将随电源容量的增大而减少。一般容量在 10 kW 以下的笼型异步电动机都采用直接启动，如小型台钻、砂轮机和冷却泵的电动机。

2.2.2 点动控制电路

有的生产机械的某些运动部件不需要电动机连续拖动，只要求电动机做短暂运转，这就需要对电动机进行点动控制。电动机的点动控制电路是用按钮开关、接触器来控制电动机运转的，是最简单的控制电路。点动控制电路如图 2 – 6 所示。

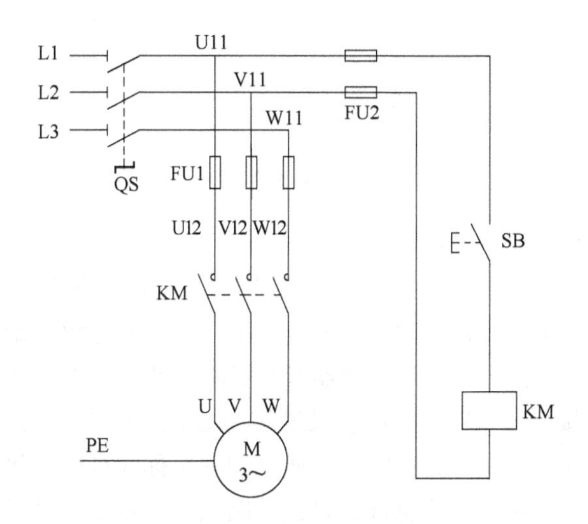

图 2 – 6 点动控制电路

点动控制电路工作原理：

合上电源组合开关 QS，按下点动按钮 SB，接触器 KM 线圈通电，在主电路中接触器 KM 主触点闭合，电动机 M 接入三相电源，启动运转。松开按钮 SB，接触器 KM 线圈失电，主电路中其主触点断开，切断电动机的三相电源，电动机停止运转。

该电路功能为：按下按钮 SB，电动机 M 启动单向运转；松开按钮 SB，电动机 M 停止。这种电路不能实现连续运行，通常称为点动控制电路。常用于电葫芦控制和车床拖板箱快速移动的电机控制。

2.2.3 长动控制电路

根据控制要求，有些生产机械的运动部件要求能够单向连续运行，和点动控制相比，这种连续运行的电路称为长动控制电路。在点动控制的基础上增加停止按钮和交流接触器的辅助常开触头后，即为长动控制电路。长动控制电路如图 2 –7所示。

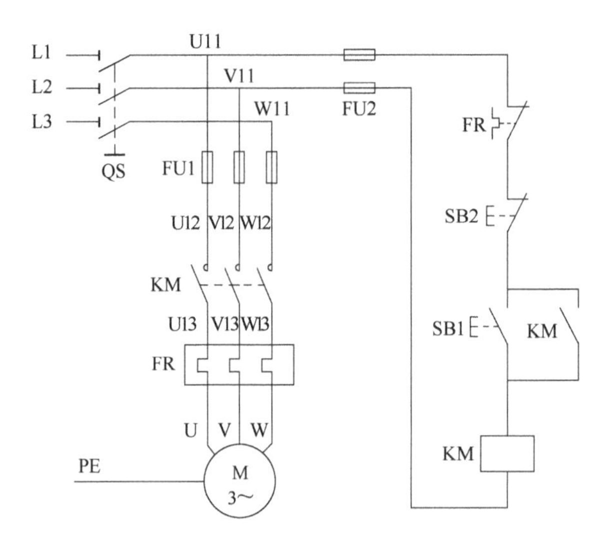

图 2 –7　长动控制电路

长动控制电路工作原理：

合上电源刀开关 QS，主电路引入三相电源。按下启动按钮 SB1，接触器 KM 线圈通电，主电路中，其常开主触点闭合，电动机接通电源开始启动。同时接触器 KM 的辅助常开触点闭合，使接触器 KM 线圈有两条通电路径。这样当松开启动按钮 SB1 后，接触器 KM 线圈仍能通过其辅助触点通电并保持吸合状态。这种依靠接触器本身辅助触点使其线圈保持通电的现象称为自锁，起自锁作用的触点称为自锁触点。长动控制电路也称为自锁电路或起保停控制电路。

要使电动机停止运转，按下停止按钮 SB2，接触器 KM 线圈失电，则其主触点断开，切断电动机三相电源，电动机 M 停止运转，同时接触器 KM 自锁触点也断开，控制回路解除自锁。松开停止按钮 SB2，控制电路又回到启动前的状态。

2.2.4　降压启动控制电路

前面讲述的电动机的启动全部采用全压启动，控制电路相对简单。但是当电动机容量较大时，一般不允许采用全压直接启动。为了减小或限制启动时的大电流、大压降对机械设备和电网造成的冲击，一般需要采用降压启动方式来启动。

降压启动是指在启动时，在电源电压不变的情况下，通过改变连接方式或增加启动设备，降低加在电动机定子绕组上的电压，待电动机启动后，再将电压恢复到额定值。因为电动机的启动电流与电压成正比，所以降低启动电压可以减小启动电流。但电动机的转矩与电压的平方成正比，所以启动转矩也大为降低，因而降压启动只适用于对启动转矩要求不高或空载、轻载下启动的设备。

降压启动方式有定子绕组串电阻（或电抗）降压启动、自耦变压器启动法、星形/三角形（Y-△）启动法和使用软启动器等。其中星形/三角形降压启动较为常用，下面主要介绍星形/三角形降压启动控制电路。

通常对于定子绕组连接成三角形的三相笼式异步电动机，均可采用Y-△降压启动法。启动时，定子绕组先接成星形，每相绕组上电压为额定值的 $1/\sqrt{3}$，电动机降压启动，待电动机转速上升到额定转速时，再将定子绕组改接成三角形，使电动机在额定电压下运行。图2-8所示为电动机的Y-△降压启动控制电路，该电路主要由三个接触器和一个时间继电器构成。

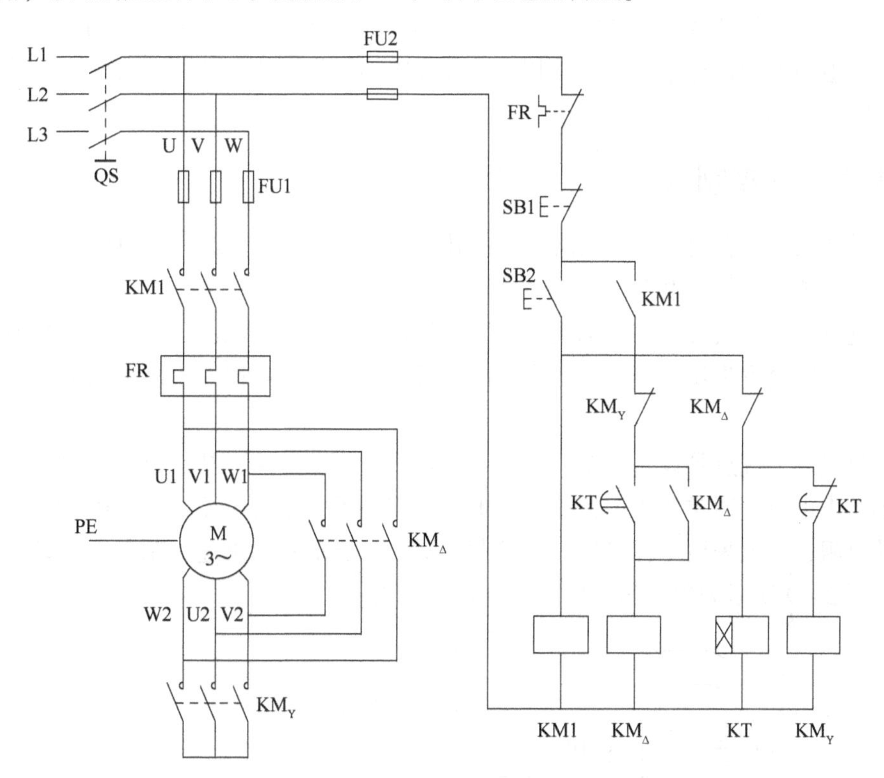

图2-8 Y-△降压启动控制电路

电路工作原理：合上开关QS，按下启动按钮SB2，KM1、KT、线圈同时得电并自锁，电动机成Y连接，接入三相电源进行降压启动。当经过一定时间电动机转速接近额定转速时，通电延时型时间继电器KT动作，KT常闭触点断开使 KM_Y 线圈失电；KT常开触点闭合，由于 KM_Y 线圈失电，其常闭触点复位闭合使 $KM_\triangle$ 线圈得电。电动机由Y连接变为△连接，进入正常额定电压运行状态。

在电路中，$KM_\triangle$ 的常闭触点使KT线圈电路释放，并使KT在电动机Y-△启动完成后断电，实现了 KM_Y 与 $KM_\triangle$ 的电气互锁。延时时间需要根据电动机的启动时间进行调整。

2.3 电动机的制动控制电路

三相异步电动机从切除电源到完全停止旋转，由于惯性的关系，总要经过一段时间，这往往不能适应某些机械工艺的要求。许多由电动机驱动的机械设备无论是从提高生产效率，还是从安全及准确停位等方面考虑，都要求能迅速停车。因此，要求对电动机进行制动控制。

制动可分为机械制动和电气制动：机械制动一般为电磁铁操纵抱闸制动；电气制动是电动机产生一个和转子转动方向相反的电磁转矩，使电动机的转速迅速下降，迫使电动机迅速停车。三相交流异步电动机常用的电气制动方法有反接制动和能耗制动。

2.3.1 反接制动

反接制动是在电动机三相电源被切断后，立即通上与原相序相反的三相电源，以形成与原转向相反的电磁力矩，利用这个制动力矩使电动机迅速停止转动。这种制动方式必须在电动机转速降到接近零时切除电源，否则电动机仍有反向力矩可能会发生反向旋转，造成事故。反接制动通常采用速度继电器来控制其制动过程。

反接制动优点是设备简单、制动力矩较大、制动迅速，缺点是冲击大。为了减小冲击电流，通常要求串接一定的电阻以限制反接制动电流，该电阻称为反接制动电阻，一般采用对称接法。反接制动适合于要求制动迅速，制动不频繁的场合。图 2－9 所示为单向运转反接制动控制电路。

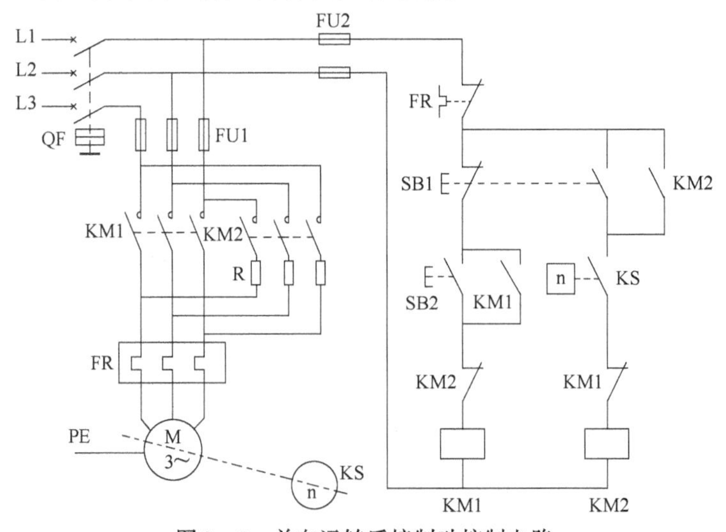

图 2－9 单向运转反接制动控制电路

反接制动控制电路工作原理：

速度继电器 KS 与电动机同轴，在电动机正常运转时，KM1 通电吸合，速度继电器 KS 的常开触点闭合，为反接制动做好准备。

按下停止按钮 SB1，KM1 线圈失电，电动机定子绕组脱离三相电源，电动机因惯性仍以很高速度旋转。KS 常开触点仍保持闭合，将 SB1 按到底，使 SB1 常开触点闭合，KM2 通电并自锁，电动机定子串接电阻接上反相序电源，进入反接制动状态。电动机转速迅速下降，当转速接近于零时，KS 常开触点复位，KM2 断电，电动机断电，防止电动机反转。至此，反接制动结束。

2.3.2　能耗制动

反接制动机械冲击强烈、制动不平稳、准确度不高。在要求平稳制动、停位准确的场合，通常采用能耗制动。能耗制动是在电动机脱离三相交流电源之后，定子绕组上加一个直流电压，这样在定子气隙中产生一个恒定的磁场，从而转子电路中产生感应电流。该感应电流与恒定磁场相互作用产生一个制动力矩，使转子转速迅速下降。当 $n=0$ 时，$T=0$，制动过程结束，停机后需切断直流电源。这种制动方法是将转子的动能转变为电能，消耗在转子回路的电阻上，所以称为能耗制动。

为了节约成本，能耗制动通常是对原电源进行半波或桥式整流以得到直流电源，而不需另外配置。图 2－10 所示为用速度继电器控制的桥式整流单向能耗制动控制电路。

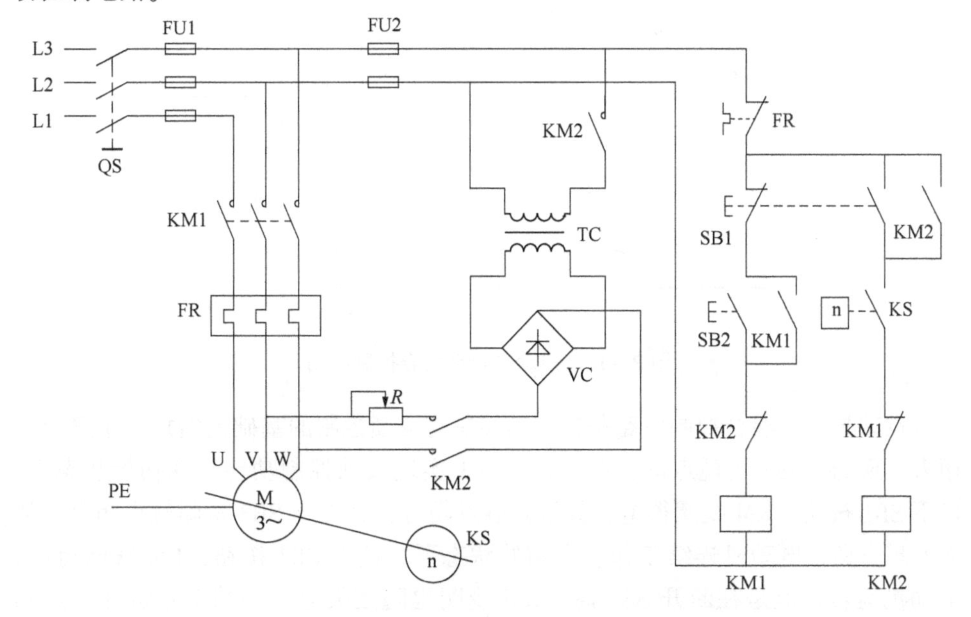

图 2－10　桥式整流单向能耗制动控制电路

该能耗制动控制电路部分与反接制动控制电路一致，下面主要说明主电路工作原理：当按下停止按钮 SB1，KM2 接通时，电流从 L3 经 QS、FU1、FU2、KM2 触点，再经整流变压器 TC、整流桥 VC、KM2 触点、电动机的绕组 W、电动机的绕组 V、可变电阻 *R*，再经 VC、TC 流回到 L2。这样在电动机的绕组中就通过了直流电流，从而产生固定磁场，电动机处于发电状态，将电动机的动能转变为电能，消耗在电阻 *R* 上，使电动机迅速停机。

能耗制动所消耗的能量较小，制动准确率较高，制动转矩平滑，但制动力较弱，还需直流电源整流装置，所以费用较高。

2.4 电动机的其他典型控制电路

2.4.1 点动和长动混合控制

在工业生产中，当机械设备要求既能连续工作，又能手动控制进行调整工作时，这就要求控制电路同时具备点动和长动的控制功能。点动和长动混合控制电路如图 2－11 所示。

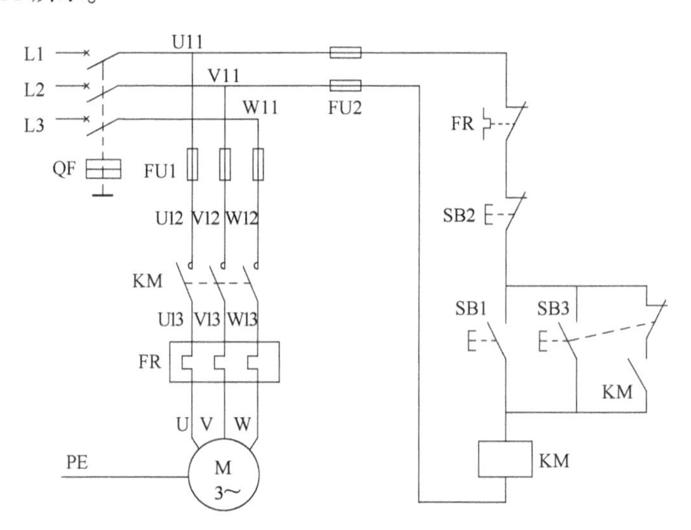

图 2－11 点动与长动混合控制电路

点动与长动混合控制电路是在点动控制与自锁控制的基础上增加一个复合按钮来实现的。SB3 实现点动控制功能，SB1 实现长动控制功能。在初始状态下，按下 SB1 按钮，KM 线圈得电，其常开触点闭合，又由于 SB3 常闭触点闭合，从而实现自锁，电动机连续工作。在初始状态下，按下 SB3 按钮，KM 线圈得电，电动机运转。但是在断开 SB3 时，KM 线圈也随之失电，虽然 KM 常开触点同样闭合，但是不能实现自锁。这是因为按下 SB3 时，其常闭触点先断开，切断了自锁支路，之后常开触点才闭合；断开 SB3 时，其常开触点先复位断开，常闭触点才复位闭合。在分析电路时，复合按钮的常开和常闭触点动作顺序不能忽视。

2.4.2　电动机的正反转控制

在实际生产中，常需要机械设备的运动部件实现正反两个方向的运动，例如机床工作台的前进后退、起重机吊钩的上升和下降等，这就要求电动机能做正反两个方向的运转。从电动机的原理可知，改变电动机三相电源相序即可改变电动机的旋转方向。接触器联锁的电动机正反转控制电路如图 2－12 所示。

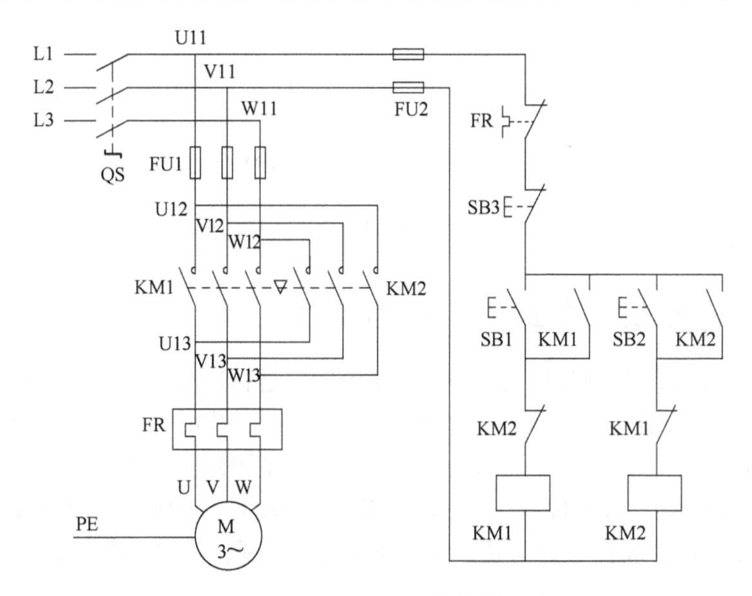

图 2－12　电动机正反转控制电路

主电路中，采用机械联锁交流接触器，KM1 用于正转控制，KM2 用于反转控制。KM1 主触点构成电源 UVW 正序接法，KM2 主触点实现电源 WVU 反序接法。控制电路中，SB1 是正转启动按钮，SB2 是反转启动按钮。按下 SB1，正转接触器 KM1 线圈得电，并自锁，其主触点闭合，电动机接入正序三相电，实现正转。按下 SB21，反转接触器 KM21 线圈得电，并自锁，其主触点闭合，电动机接入反序三相电，实现反正转。

在控制电路中，为了防止在正转时按下 SB2 的误操作或在反转时按下 SB3 的误操作而引起两相短路故障，应分别将 KM1、KM2 的常闭辅助触点串接在对方控制电路中，形成电气互锁。对于复合按钮，还可以同时将 SB1、SB2 的常闭触点分别串接在对方控制电路中，构成按钮机械互锁，实现接触器/按钮双重联锁控制，如图 2－13 所示。

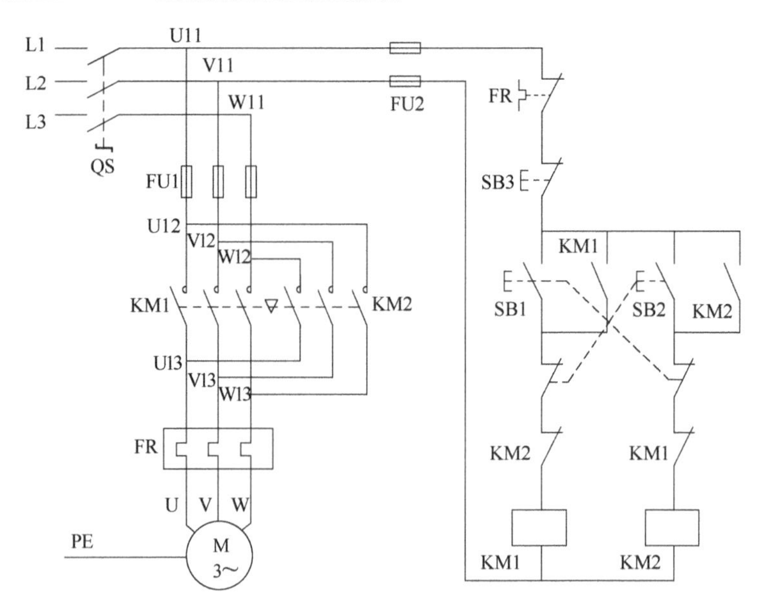

图 2－13 接触器/按钮双重联锁正反转控制电路

2.4.3 电动机的多地和多条件控制

电动机的多地控制是指在多个地方对电动机进行启动和停止的控制。当机械设备需要操作人员在不同的方位均可对其进行起停操作时，就要求控制电路能够满足多地控制。以两地控制为例，SB11、SB12 是甲地启动和停止按钮，SB21、SB22 是乙地启动和停止按钮。只需将启动按钮 SB11、SB21 常开触点并联，停止按钮 SB12、SB22 常闭触点串联，即实现了两地控制，控制电路如图 2－14 所示。

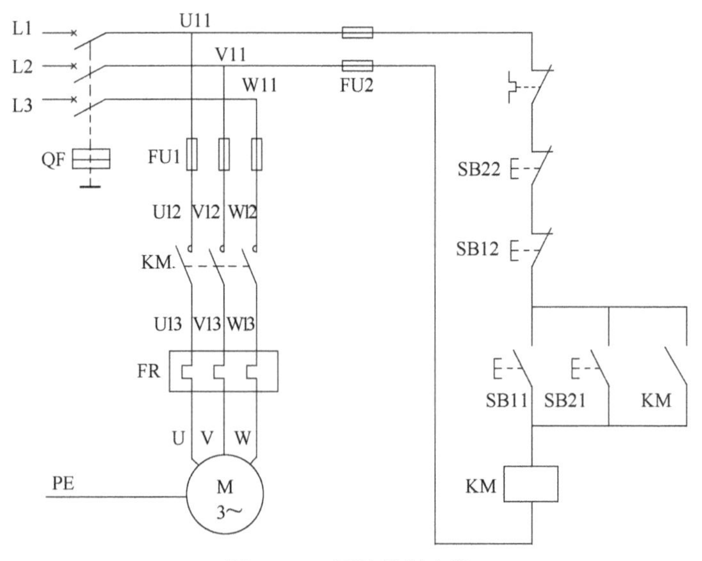

图 2－14 两地控制电路

还有些生产设备要求同时满足多个条件，才能对其进行启停操作，这就要用到多条件控制。要求 SB1、SB2 同时接通，电动机才启动；SB3、SB4 同时接通，电动机才停止，控制电路如图 2-15 所示。

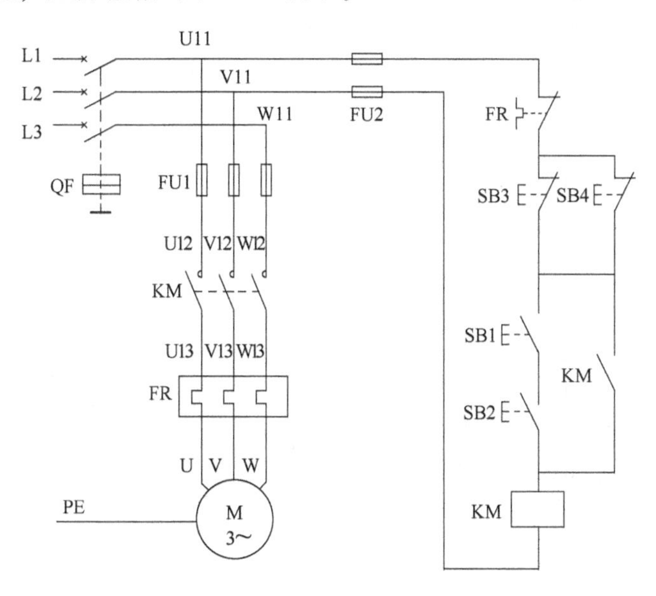

图 2-15　多条件控制电路

2.4.4　电动机的位置和自动往返循环控制

有些生产机械如万能铣床，要求工作台在一定距离内能自动往返。通常利用行程开关控制电动机正反转实现。对于这种生产机械只需用行程开关或者接近开关来检测工作台的极限位置来控制电动机正反转就可实现自动循环运动的控制。图 2-16 所示为工作台自动往返循环运动示意图和控制电路。

SB1、SB2 是前进和后退启动按钮，SB3 是停车按钮；SQ1、SQ2 是左、右位置控制行程开关，SQ3、SQ4 是左、右极限控制行程开关。合上电源开关 QF，按下前进启动按钮 SB1，KM1 线圈通电并自锁，电动机正转，拖动运动部件向前运动。当运动到位时，工作台挡铁 1 按压 SQ1，SQ1 常闭触点断开使 KM1 失电，SQ1 常开触点闭合使 KM2 通电，电动机由正转变为反转，拖动部件由前进变为后退。当后退到位时，挡铁 2 按压 SQ2，SQ2 常闭触点断开使 KM2 失电，SQ2 常开触点闭合使 KM1 通电，电动机由反转又变为正转，拖动部件由后退又变为前进，如此自动往返循环运动。按下停止按钮 SB3 时，电动机停车，运动部件停止。SQ3、SQ4 用于极限位置保护，当工作台行进到 SQ3 或 SQ4 位置时，挡铁按压 SQ3 或 SQ4，使其常闭触点断开，使 KM1 或 KM2 失电，电动机停止，工作台停止前进或后退。

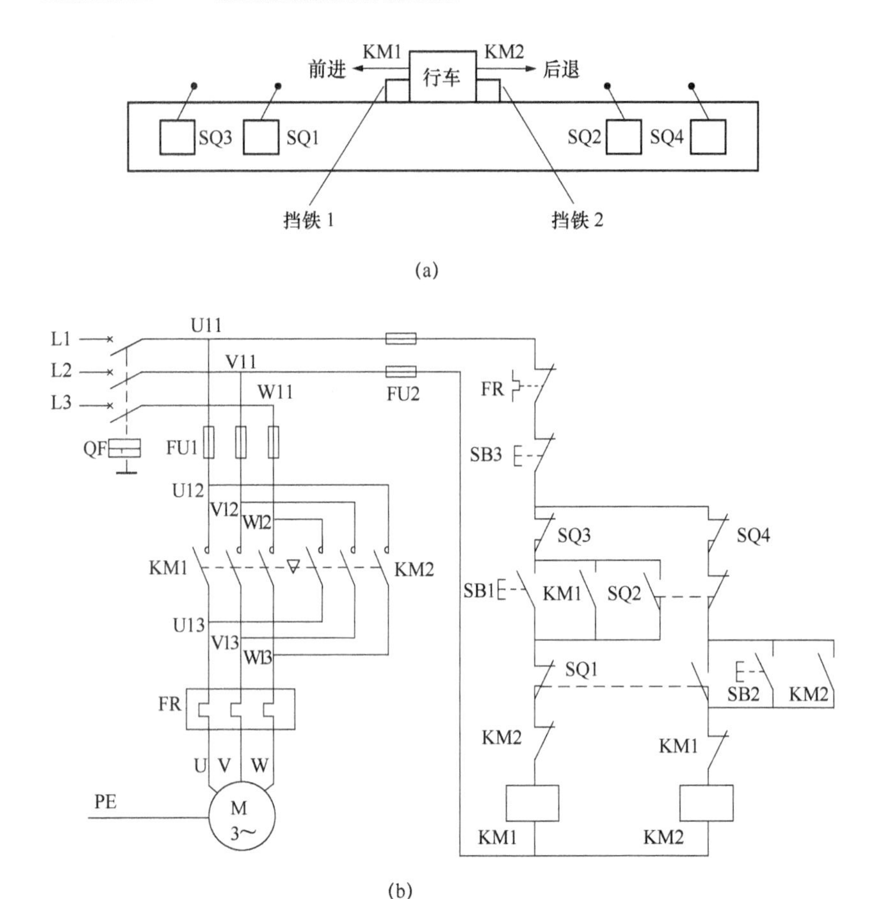

图 2－16 工作台自动往返运动示意图和控制电路

（a）工作台自动往返运动示意图；（b）自动往返控制电路

2.4.5 电动机的顺序控制

电动机的顺序控制是指两台或多台电动机的顺序启动或顺序停止的控制。实际生产中，有些设备常要求电动机按一定的顺序启动，如铣床工作台的进给电动机必须在主轴电动机启动后才可以启动，这就要用到电动机的顺序控制。以两台电动机的顺序控制为例，图 2－17（a）为顺序启动、同时停止控制电路，图 2－17（b）为顺序启动、逆序停止控制电路。

在电动机 M1 的控制回路中串联 KM1 的常开触头，这样就保证了只有 KM1 得电，M1 启动后，M2 才能启动的顺序控制要求。在 M1 的停止按钮 SB2 常闭触点两端并联 KM2 的常开触点，保证了只有 KM2 失电，M2 停止后，M1 才能停止的逆序控制要求。

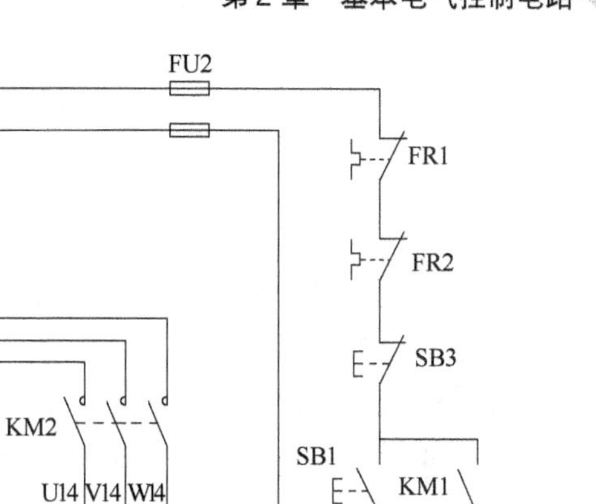

(a)

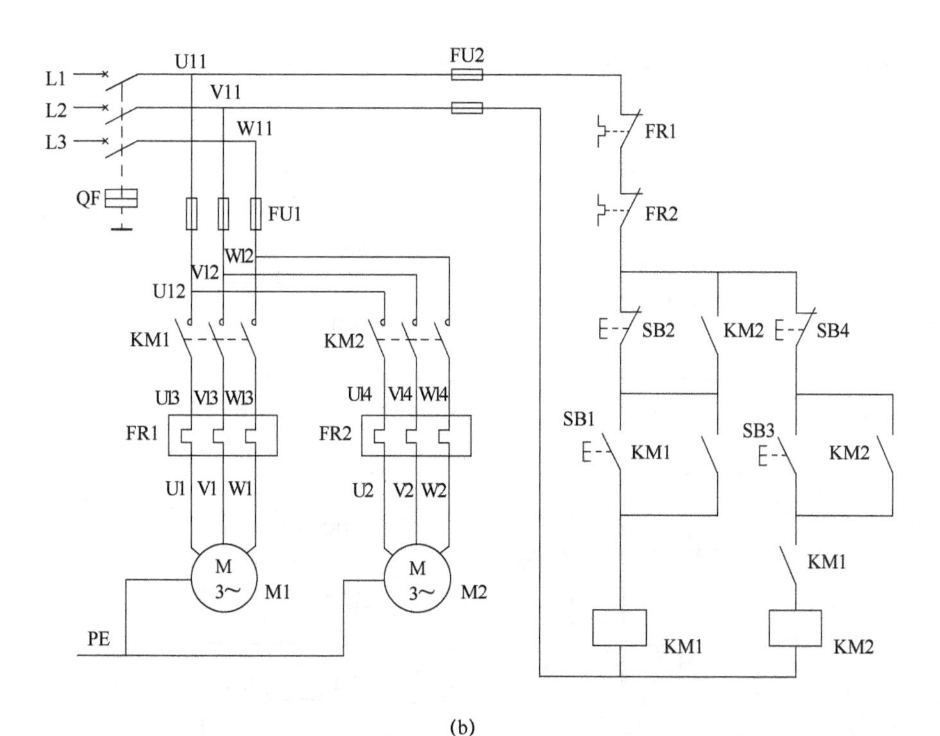

(b)

图2-17 两台电动机顺序控制电路

(a) 顺序启动，同时停止；(b) 顺序启动，逆序停止

习　题

2－1　什么是电气原理图?

2－2　什么是自锁控制? 什么是互锁控制?

2－3　什么是电动机的直接启动和降压启动? 各适用于哪些场合?

2－4　什么是机械制动和电气制动?

2－5　试分析如图2－18所示的各控制电路能否实现点动控制。

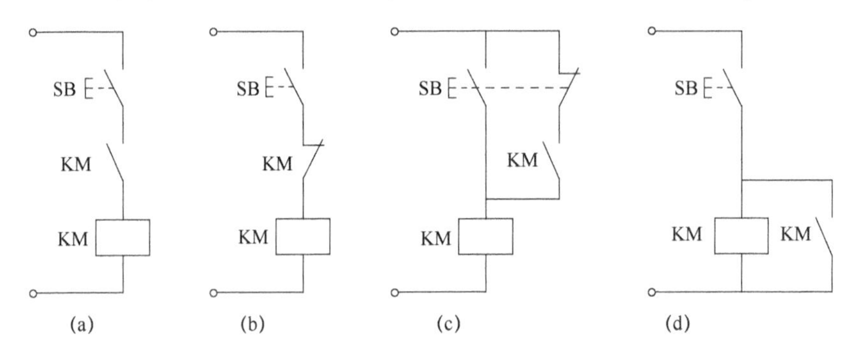

图2－18　习题2－5图

2－6　试分析如图2－19所示的各控制电路能否实现自锁控制。

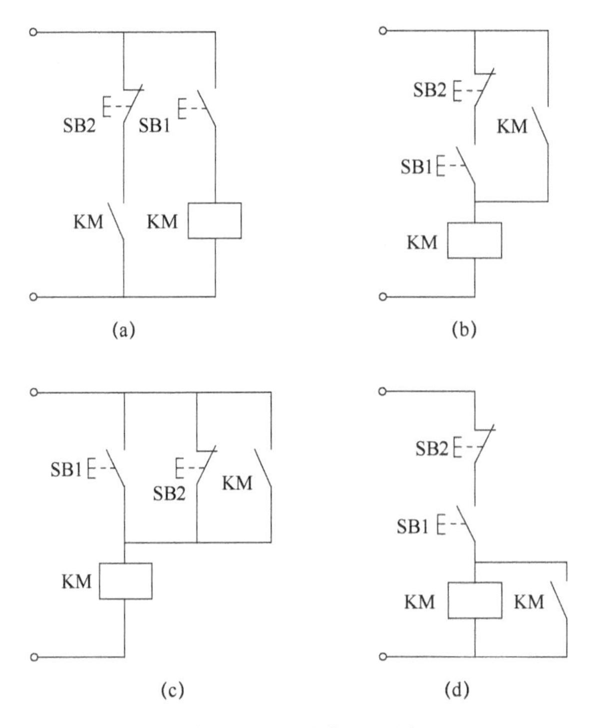

图2－19　习题2－6图

2－7　试用转换开关 SA 设计一个对电动机实现点动和连续运转控制的电路。

2－8　试设计可以从两地操作对一台电动机实现点动和连续运转控制的电路。

2－9　试分析如图 2－20 所示的各控制电路能否实现正反转控制，并分析原因。

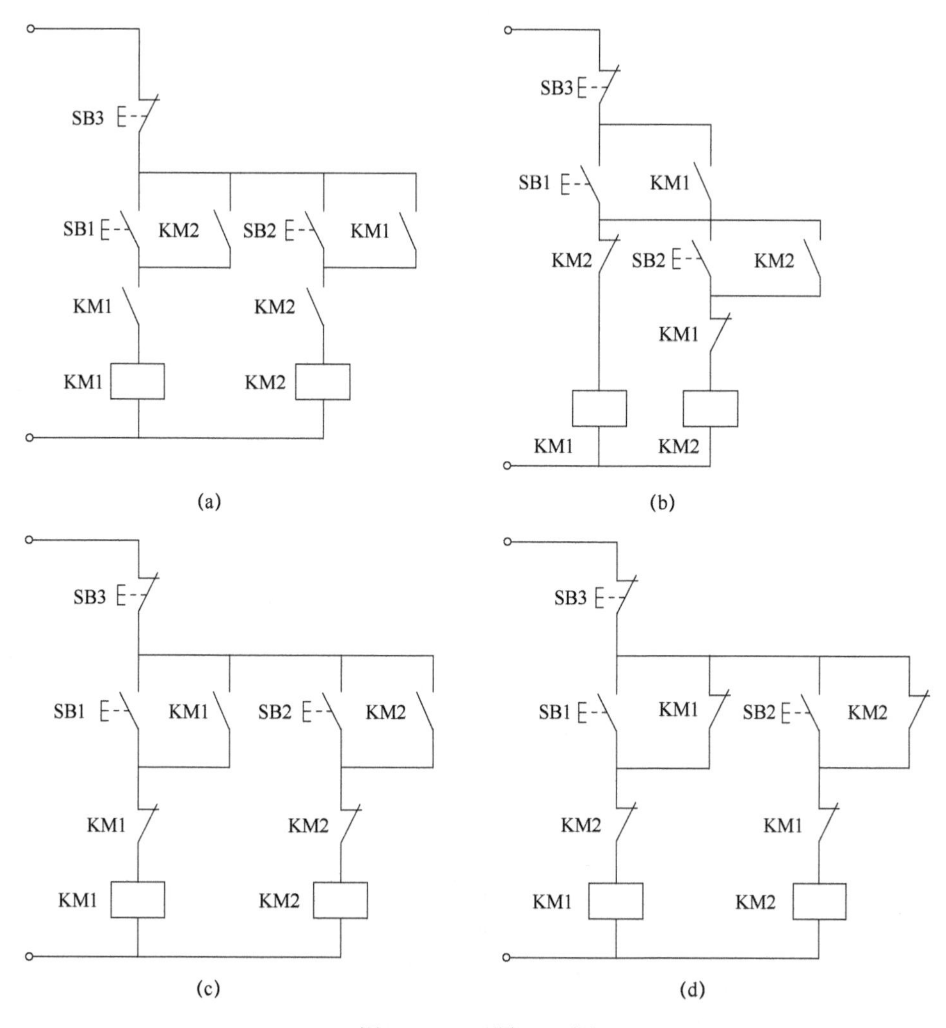

图 2－20　习题 2－9 图

2－10　画出一台电动机启动后经过一段时间，另一台电动机就能自行启动的控制电路。

2－11　试设计某锅炉鼓风机和引风机电动机的启动和停止控制电路。控制要求：启动时，鼓风机电动机 M1 启动后，方可启动引风机电动机 M2；停止时，必须先停引风机电动机 M2 后，方可停鼓风机电动机 M1。

2－12　试设计三台交流电动机相隔 3 s 顺序启动，同时停止的控制电路。

2－13　有三台交流电动机 M1 ~ M3，要求 M1 启动 5 s 后，M2、M3 同时启动，当 M2 或 M3 停止 10 s 后 M1 停止。试设计主电路和控制电路，并要求具有短路和过载保护。

项目一

电动机的控制

任务一　电动机的延时启动控制

一、任务目标

（1）掌握三相异步电动机控制线路的设计分析方法。
（2）掌握时间继电器的使用。
（3）掌握常用低压电器的图形符号、文字符号。
（4）能够识读、绘制电气原理图。
（5）掌握三相异步电动机控制线路的保护方法。

二、任务描述

某一生产机械受三相异步电动机 M1 的拖动，该拖动系统有启动按钮 SB1 和停止按钮 SB2。当按下启动按钮 SB1 后，电动机 M1 延时一段时间后启动开始工作。按下停止按钮 SB2，电动机 M1 停止，系统恢复初始状态。

三、任务分析

接触器属于控制类电器，用于远距离频繁接通和分断交直流主电路和控制电路。接触器主要控制对象是电动机。该系统主电路中，电动机 M1 的启动和停止是通过接触器 KM 的主触点来控制的。延时控制通过通电延时型时间继电器 KT 来实现，在控制电路中，当启动按钮 SB1 按下后接通时间继电器 KT 的线圈，延时一定时间后，KT 常开触点接通，通过该常开触点来接通接触器 KM 的线圈，从而使 KM 主触头闭合，启动电动机 M1。停止电动机时，通过使接触器 KM 线圈失电，KM 主触头断开来实现。

四、任务实施

根据分析，确定系统的控制方式，画出该电动机的延时启动线路如项图 1－1 所示。

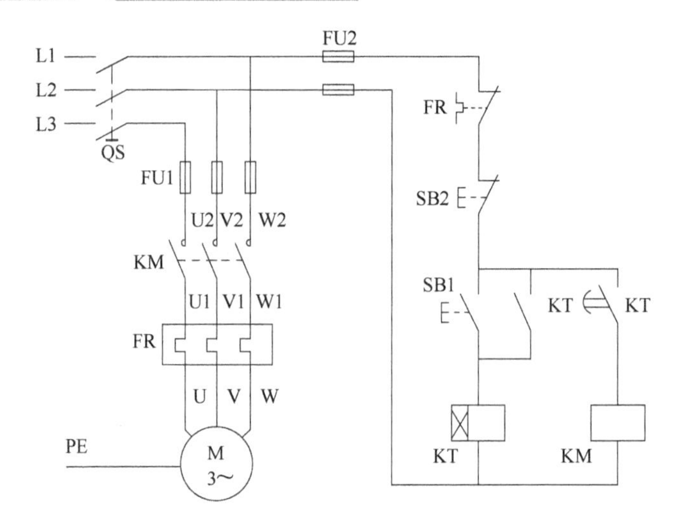

项图 1－1 电动机的延时启动控制

五、拓展练习

一台三相异步电动机，其启动和停止的要求是：当启动按钮 SB1 按下后，电动机立即得电直接启动，并持续运行工作；当按下停止按钮 SB2 后，需要等待 20 s 电动机才会停止运行。试设计主电路和控制电路。

任务二 电动机的自动顺序控制

一、任务目标

（1）进一步熟悉电气元件的图形符号、文字符号。

（2）学会分析简单电气控制电路的工作原理。

（3）掌握自动顺序控制的工作原理。

（4）掌握中间继电器、时间继电器的使用。

二、任务描述

某机床由主轴电动机 M1 拖动，润滑油泵由另一电动机 M2 拖动，机床启动按钮为 SB1，停止按钮为 SB2。工艺要求：启动时，润滑油泵先启动，经过一定时间后，主轴电动机自动启动。停止时，主轴先停止，经过一定时间后，润滑油泵自动停止，系统恢复初始状态。

三、任务分析

主轴电动机 M1 和润滑油泵电动机 M2 分别由接触器 KM1、KM2 控制。由于两台电动机的功率大小不同，需要两个热继电器 FR1、FR2 来进行过载保护。故可设计出该系统的主电路。两段时间的控制分别通过两个通电延时型时间继电器 KT1、KT2 来实现。自动启动主轴电动机 M1，通过时间继电器 KT1 的常开触点作为启动信号来实现。自动停止润滑油泵电动机 M2，通过时间继电器 KT2 的常闭触点作为润滑油泵的停止信号来控制。停止时，使用 SB2 的复合常开触点作为启动时间继电器 KT2 的信号，此时，需要用到中间继电器 KA 以保证 KT2 的线圈一直接通。在控制主轴电动机接触器 KM1 线圈回路中串联 KM2 的常开触点，以保证只有油泵电动机启动后主轴电动机才可以启动。将 KM1 的常闭触点串联在 KT1 的线圈回路中，以保证点动停止按钮 SB2 后，能够停止主轴电动机 M1。另外，为了避免主轴电动机停止后 KT1 重新接通延时，再次启动主轴电动机，将中间继电器 KA 的常闭触点也串联在 KT1 的线圈回路中。

四、任务实施

根据以上分析，确定系统的控制方式，画出该电动机的自动顺序控制线路如项图 1－2 所示。

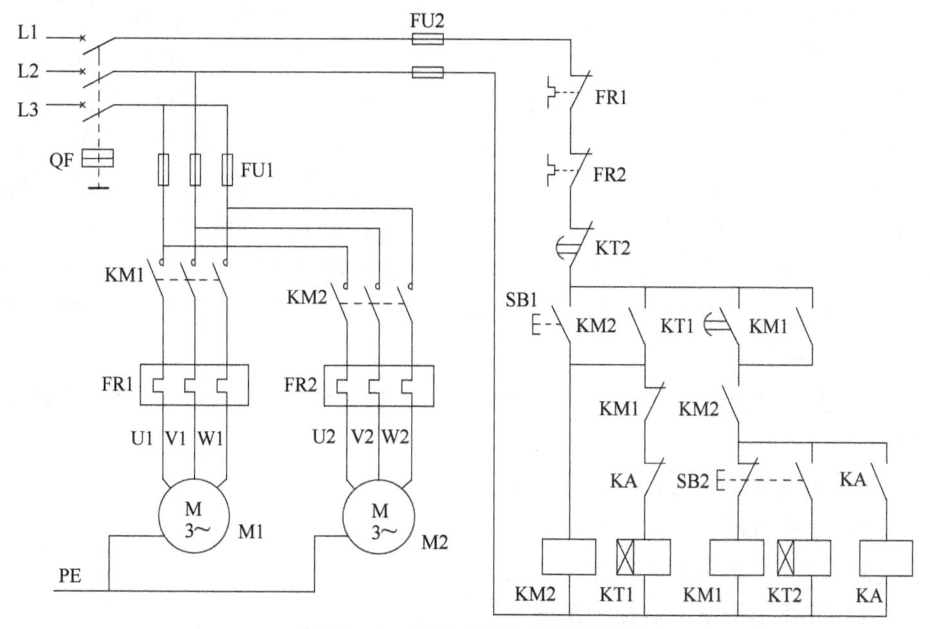

项图 1－2　电动机的自动顺序控制

五、拓展练习

有一小车由三相电动机拖动，其动作过程为：系统启动时，小车由原位前进，行至终点后自动停止，停留 60 s 后，自动返回到原位停止。小车在行进过程中可任意停止。原位和终点分别由行程开关 SQ1、SQ2 控制。试设计主电路和控制电路。

第3章

可编程控制器概述

3.1 可编程控制器的产生

可编程控制器的起源可以追溯到20世纪60年代，当时计算机技术已开始应用于工业控制。但由于计算机技术本身的复杂性，编程难度大，难以适应恶劣的工业环境以及价格昂贵等原因，未能在工业控制中广泛应用。当时的工业控制主要是继电－接触器控制系统。这种控制系统体积大、耗电多，缺点是改变生产程序非常困难，只要控制要求发生变化，就需要改变实际硬件接线，费时费力。

1968年，美国最大的汽车制造商——通用汽车制造公司（GM）为适应汽车型号的不断更新，生产工艺不断变化的需要，实现小批量、多品种生产，试图寻找一种新型的工业控制器，以尽可能减少重新设计和更换控制系统的硬件及接线、减少时间，降低成本，缩短开发周期。因而设想把计算机的完备功能、灵活及通用等优点和继电器控制系统的简单易懂、操作方便、价格便宜等优点结合起来，制成一种适合于工业环境的通用控制装置，并把计算机的编程方法和程序输入方式加以简化，用“面向控制过程，面向对象”的“自然语言”进行编程，使不熟悉计算机的人也能方便地使用。

针对上述设想，美国通用汽车公司提出了这种新型控制器所必须具备的10项性能指标：

（1）编程简单，可在现场修改程序。

（2）维护方便，最好是插件式结构。

（3）可靠性高于继电器控制系统。

（4）体积小于继电器控制系统。

（5）可将数据直接送入管理计算机。

（6）在成本上可与继电器控制系统相竞争。

（7）输入可为市电。

（8）输出可为市电，输出电流在2 A以上，可直接驱动接触器线圈及电磁阀等。

（9）在扩展时，原系统只要很小改变。

（10）用户程序存储器容量至少能扩展到4k字节。

1969 年，美国数字电子公司（DEC）首先成功研制出了第一台可编程控制器，并在通用汽车公司的汽车自动装配生产线上试用成功，从而开创了工业控制的新局面，也由此掀起了研究可编程控制器的高潮。

接着，美国 MODICON 公司也开发出了可编程控制器。

1971 年，日本从美国引进了这项新技术，很快研制出了日本第一台可编程控制器 DSC－8。1973 年，德家也研制出了他们的第一台可编程序控制器。我国从 1974 年开始研制，1977 年开始在工业上应用。

早期的可编程控制器是为取代继电器控制线路、存储程序指令、完成顺序控制而设计的。它主要用于逻辑运算、定时、计数等顺序控制，属开关量控制。所以，通常称为可编程逻辑控制器（Programmable Logic Controller，简称 PLC）。

进入 20 世纪 80 年代，随着微电子技术和计算机技术的快速发展，可编程控制器也取得突飞猛进的发展。其控制功能不断增强，远远超出逻辑控制、顺序控制的范围，具有了算术运算、数据处理、数据传输和联网通信等功能，成为一种新型的工业自动控制设备。

1980 年，美国电气制造协会将它正式命名为可编程控制器（Programmable Controller）。但是，近年来个人计算机（Personal Computer）的简称为 PC，为了避免混淆，继续将 PLC 作为可编程控制器的简称。

1985 年 1 月，国际电工委员会（IEC）在可编程控制器的标准草案中对 PLC 作了如下定义："可编程控制器是一种数字运算操作电子装置，专为在工业环境下应用而设计。它采用了可编程序的存储器，用来在其内部存储执行逻辑运算、顺序控制、定时、计数和算术运算等操作的指令，并通过数字式、模拟式的输入和输出，控制各种机械或生产过程。可编程控制器及其有关的外围设备，都应按易于与工业控制系统形成一个整体、易于扩充其功能的原则设计"。

总之，可编程控制器是一台计算机，是专为工业环境下应用而设计制造的特殊计算机。

3.2　可编程控制器的特点及分类

3.2.1　可编程控制器的特点

可编程控制器发展很快，全世界有几百家工厂正在生产几千种不同型号的 PLC。PLC 之所以能取得高速发展，除了工业自动化的客观需求外，其自身也有许多独特的优势，它能较好地解决工业控制领域中普遍关心的可靠、安全、灵活、方便和经济等问题，它的主要特点如下。

1. 可靠性高，抗干扰能力强

PLC 是专为工业控制应用而设计的，可靠性高、抗干扰能力强是其最重要的特点之一。一般 PLC 的平均故障间隔时间可达几十万小时。

一般由程序控制的电子设备所产生的故障有两种：

一种是软故障，由于外界恶劣环境，如电磁干扰、超高温、超低温、过电压、欠电压、振动等引起的故障。这类故障，不会引起系统硬件的损坏，一旦环境条件恢复正常，系统也随之恢复正常。但对 PLC 而言，受外界影响后，内部存储的信息可能会被破坏。

另一种是硬故障，由元器件损坏而引起的故障。

PLC 除了本身具有较强的自诊断能力、能及时给出错误信息、停止运行等待修复外，各 PLC 的生产厂商在硬件和软件方面也采取了多种措施，使 PLC 具有了很强的抗干扰能力。

1）硬件方面的抗干扰措施

屏蔽——对电源变压器、CPU、编程器等主要部件，采用导电、导磁良好的材料进行屏蔽，以防外界干扰。

滤波——对供电系统及输入线路采用多种形式的滤波，如 LC 或 π 型滤波网络，以消除或抑制高频干扰，也削弱了各种模块之间的相互影响。

隔离——在微处理器与 I/O 电路之间，采用光电隔离措施，有效地隔离 I/O 接口与 CPU 之间电的联系，减少故障和误动作；各 I/O 口之间亦彼此隔离。

电源调整与保护——对微处理器这个核心部件所需的 +5 V 电源，采用多级滤波，并用集成电压调整器进行调整，以适应交流电网的波动和过电压、欠电压的影响。

采用模块式结构——这种结构有助于在故障情况下短时修复。一旦查出某一模块出现故障，能迅速更换，使系统恢复正常工作；同时也有助于加快查找故障的原因。

2）软件方面的抗干扰措施

故障检测——软件定期地检测外界环境，如掉电、欠电压、锂电池电压过低及强干扰信号等，以便及时进行处理。

信息保护与恢复——PLC 在检测到软故障条件时，立即把现状态存入存储器，软件配合对存储器进行封闭，禁止对存储器的任何操作，以防存储信息被冲掉，这样，一旦故障条件消失，便可回到故障发生前的状态，继续原来的程序工作。

加强对程序的检查和校验—— 一旦程序有错，立即报警，并停止执行。

对程序及动态数据进行电池后备——停电后，利用后备电池供电，有关状态及信息就不会丢失。

PLC 出厂试验项目中，有一项就是抗干扰试验。它要求 PLC 能承受幅值为 1 000 V，上升时间为 1 ns，脉冲宽度为 1 μs 的干扰脉冲。

2. 编程简单，容易掌握

考虑到大多数工厂企业电气技术人员的读图习惯及编程水平，目前大多数PLC仍采用继电控制形式的“梯形图编程方式”。这种梯形图语言清晰直观，编程元件的符号和表达方式与继电器控制电路原理图相当接近，所以与常用的微机语言相比更容易被操作人员接受和掌握。只需要通过阅读PLC的用户手册或进行短期培训，电气技术人员就能很快学会用梯形图编制控制程序。

3. 设计、安装容易，维护工作量少

由于PLC采用了软件来取代继电器控制系统中大量的中间继电器、时间继电器、计数器等器件，控制柜的设计安装接线工作量大为减少。同时，PLC的用户程序可以在实验室模拟调试，更减少了现场调试的工作量。由于PLC的低故障率及很强的监控功能、模块化设计等，使其维修也极为方便。

4. 功能完善，通用性强

现代PLC不仅有逻辑运算、计时、计数、顺序控制等功能，还具有数字和模拟量的输入输出、功率驱动、通信、人机对话、自检、记录显示等功能。既可控制一台生产机械、一条生产线，又可控制一个生产过程。PLC具有功能齐备的各种硬件装置，可以组成能满足各种控制要求的控制系统，用户不必自己再设计和制作硬件装置。用户在硬件确定以后，在生产工艺流程改变或生产设备更新的情况下，不必改变PLC的硬设备，只需改编程序就可以满足控制要求。

5. 体积小，功耗低

PLC是将微电子技术应用于工业设备的产品，其结构紧凑、体积小、重量轻、功耗低。以西门子中小型S7-300 PLC为例，其外形尺寸为80 mm×125 mm×130 mm，重量仅为0.53 kg，消耗的功率为8 W。由于PLC体积小及强抗干扰能力，很容易装入其他机械设备内部，是实现机电一体化的理想控制设备。

6. 性价比高

总之，PLC的基本特点是：可靠、方便、通用、价廉。

3.2.2 可编程控制器的分类

PLC发展到今，品种繁多，型号、规格及功能也不尽相同，通常可以按照组成结构形式、I/O点数、功能范围及生产厂家等进行分类。

1. 按组成结构形式分类

按组成结构形式，可将PLC分为整体式和模块式两类。

1）整体式PLC

整体式结构的特点是将PLC的基本部件，如CPU、输入、输出、电源等部件都集中装在一个标准机壳内，构成一个整体。整体式结构的PLC具有结构紧凑、体积小、价格低等特点。

2）模块式 PLC

模块式结构的 PLC 是由一些标准模块单元构成，如 CPU 模块、输入模块、输出模块、电源模块和各种功能模块，将这些模块安装在固定的机架或导轨上，即构成一个完整的 PLC 系统。这些模块在功能上是相互独立的，外形尺寸统一，可根据需要灵活配置。目前，中、大型 PLC 多采用这种结构形式。

2. 按 I/O 点数分类

I/O 点数是指 PLC 的外部输入、输出端子数。按 I/O 点数可将 PLC 分为小型机、中型机和大型机三类。

1）小型机

小型 PLC 的 I/O 点数在 256 点以下，用户程序存储器容量在 4KB 左右。这类 PLC 结构简单、价格低廉、体积小，一般采用整体式结构，适合于控制单台设备和开发机电一体化产品。小型 PLC 的功能一般以开关量控制为主，一些高性能的小型 PLC 还具有一定的通信能力和少量的模拟量处理能力。

2）中型机

中型 PLC 的 I/O 点数在 256 ~ 2 048 点，用户程序存储器容量达到 8KB 左右。这类 PLC 由于 I/O 点数跨度大，故一般采用模块式结构。中型 PLC 不仅具有开关量和模拟量的控制功能，还具有更强的数字计算能力，它的通信功能和模拟量处理能力更强大。中型机的指令比小型机更丰富，中型机适用于复杂的逻辑控制系统以及连续生产线的过程控制场合。

3）大型机

大型 PLC 的 I/O 点数在 2 048 点以上，用户程序存储器容量达到 16KB 以上，采用模块式结构。大型 PLC 的性能已经与工业控制计算机相当，它具有计算、控制、调节及监视等功能，还具有强大的网络结构和通信联网能力，有些 PLC 还具有冗余能力。大型 PLC 适用于设备自动化控制、过程自动化控制和过程监控系统。

3. 按功能分类

按功能可将 PLC 分为低档机、中档机和高档机。

1）低档 PLC

低档 PLC 具有逻辑运算、定时、计数、移位以及自诊断、监控等基本功能，还可有少量模拟量输入/输出、算术运算、数据传送和比较、通信等功能。

2）中档 PLC

中档 PLC 除具有低档 PLC 功能外，还增加了模拟量输入/输出、算术运算、数据传送和比较、数制转换、远程 I/O、子程序、通信联网等功能。有些还增设了中断、PID 控制等功能。

3）高档 PLC

高档 PLC 除具有中档机功能外，还增加了带符号算术运算、矩阵运算、位逻辑运算、平方根运算及其他特殊功能函数运算、制表及表格传送等。高档 PLC 机具有更强的通信联网功能。

4. 按生产厂家分类

我国有不少的厂家研制和生产过 PLC，但还没有出现有影响力和较大市场占有率的产品，目前我国使用的 PLC 几乎都是国外品牌。在全世界有上百家 PLC 制造厂商，但只有几家举足轻重的厂商，它们分别是美国的 AB 公司、GE 通用电气公司、莫迪康公司；德国的西门子（SIEMENS）公司、BBC 公司；法国的施耐德（SCHNEIDER）自动化公司；日本的欧姆龙（OMRON）公司、三菱公司、日立公司；韩国的 LG 公司。这几家公司控制着全世界 80% 以上的 PLC 市场。

3.3　可编程控制器的结构与工作原理

3.3.1　可编程控制器的结构

PLC 实质上是一种专用于工业控制的计算机，它采用典型的计算机结构，由中央处理单元（CPU）、存储器、输入/输出单元（I/O 单元）和电源等主要部件组成，系统结构如图 3－1 所示。

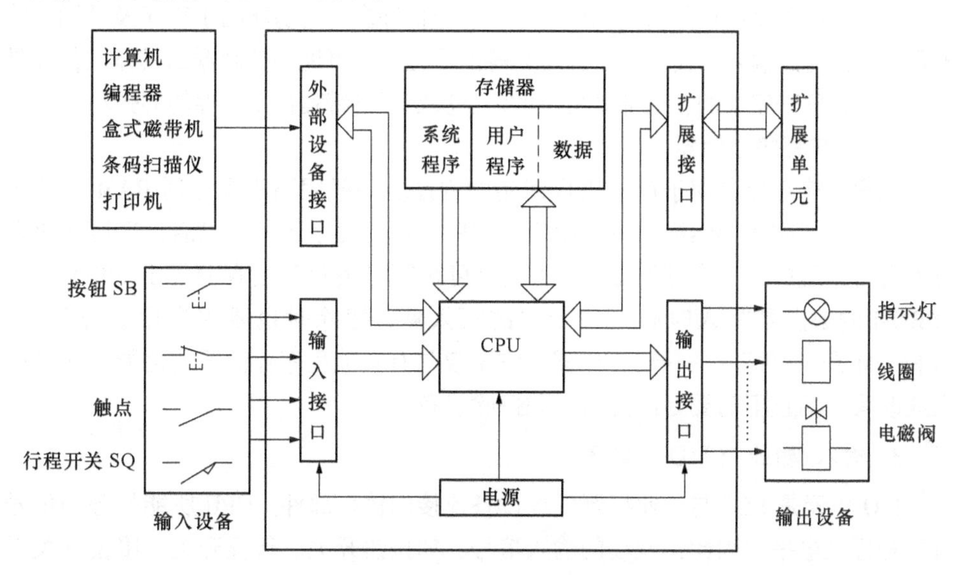

图 3－1　PLC 结构示意图

下面分别对中央处理单元（CPU）、存储器、输入/输出单元（I/O 单元）和电源作简单介绍。

1. 中央处理单元（CPU）

CPU是PLC的神经中枢，是系统的运算和控制中心。它在系统程序的控制下，指挥可编程控制器有条不紊地进行工作，主要完成如下任务：

（1）接收、存储用户程序和数据。

（2）用扫描的方式接收现场输入设备的状态和数据。

（3）诊断电源、PLC内部电路的工作故障和编程过程中的语法错误。

（4）执行用户程序中规定的逻辑运算和算术运算任务。

（5）实现输出控制，完成制表打印及数据通信等功能。

2. 存储器

存储器是一个记忆部件，用于存放程序和数据。PLC的存储器可分为系统程序存储器和用户程序存储器。

1）系统程序存储器

系统程序存储器用于存放系统的各种管理监控程序。由可编程控制器生产厂家编写，并固化在只读存储器ROM内，用户不能直接更改。它使可编程控制器具有基本的智能，能够完成设计者规定的各项工作。系统程序的内容主要包括三部分：第一部分为系统管理程序，它主要控制可编程控制器的运行，使整个可编程控制器按部就班地工作；第二部分为用户指令解释程序，通过用户指令解释程序，将可编程控制器的编程语言变为机器语言指令，再由CPU执行这些指令；第三部分为标准程序模块与系统调用程序，它包括许多不同功能的子程序及其调用管理程序，如完成输入、输出及特殊运算等的子程序，可编程控制器的具体工作都是由这部分程序来完成的，这部分程序的多少决定了可编程控制器性能的强弱。

2）用户程序存储器

用户程序存储器用于存放用户编制的程序。一般用随机存储器RAM存放用户程序。为了防止偶然操作失误而损坏程序，用户程序调试好以后，还可固化在可擦写可编程的只读存储器EPROM或电可擦写可编程只读存储器EEPROM中。EPROM的缺点是写入时必须用专用的写入器，擦除时也要用专用的擦除器。EEPROM是电可擦除的只读存储器，它不仅具有其他程序存储器的性能，还可以在线改写，而且不需要专门的写入和擦除设备。

3. 输入/输出（I/O）单元

I/O单元是PLC与工业控制现场设备连接的接口部件。CPU所能处理的信号只能是标准电平，因此，现场的输入信号，如按钮开关、行程开关、限位开关以及传感器输出的开关量或模拟量信号，需要通过输入单元的转换和处理才可以传送给CPU。CPU的输出信号也只有通过输出单元的转换和处理，才能够驱动电磁阀、接触器、继电器、电动机等现场执行机构。

I/O端子的作用是将I/O设备与PLC进行连接，使PLC与现场设备构成控制系统，以便从现场通过输入设备得到输入信号，再将经过处理后的控制命令通过输出设备送给现场输出设备，从而实现自动控制的目的。

4. 电源

PLC 的供电电源一般是市电，有的也用 24V DC 电源供电。PLC 对电源稳定性要求不高，一般允许电源电压在 -15% ~ +10% 内波动。PLC 配有开关式稳压电源，用来对 PLC 内部电路供电。小型 PLC 的电源往往和 CPU 单元合为一体，大、中型 PLC 配有专门的电源单元。

3.3.2 可编程控制器的工作原理

PLC 的基本结构虽然和计算机大致相同，但是，两者工作方式有所不同，计算机一般采用等待查询的工作方式，而 PLC 则采用循环扫描的工作方式，PLC 的工作流程如图 3-2 所示。整个运行过程可分为 3 部分：

（1）上电处理。PLC 上电后对系统进行初始化，包括硬件初始化，I/O 模块配置检查，停电保持范围设定及其他初始化处理等。

（2）扫描过程。PLC 上电处理完成后进入扫描工作过程。完成与其他外设的通信处理，当 CPU 处于 STOP 方式时，转入执行内部处理；当 CPU 处于 RUN 方式时，进行程序扫描的过程，先输入采样，再执行用户程序和输出刷新，再执行自诊断程序。

（3）出错处理。PLC 每扫描一次，执行一次自诊断检查，确定 PLC 自身的动作是否正常，如 CPU、电池电压、程序存储器、I/O、通信等是否异常或出错，如检查出异常时，CPU 面板上的 LED 及异常继电器会接通，在特殊寄存器中会存入出错代码。当出现致命错误时，CPU 被强制为 STOP 方式，所有的扫描停止。

当 PLC 投入运行后，其工作过程一般分为三个阶段，即输入采样、程序执行和

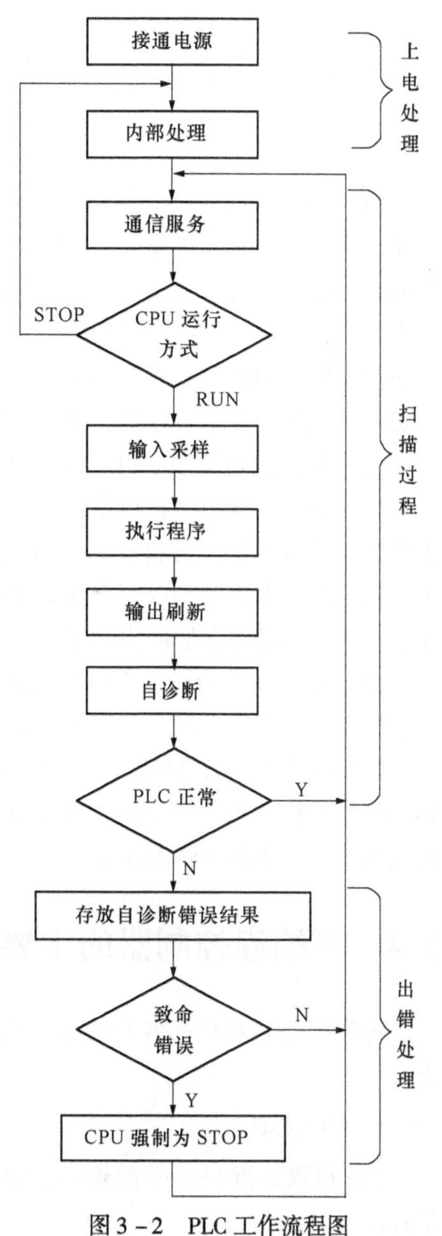

图 3-2　PLC 工作流程图

输出刷新3个阶段，如图3－3所示。

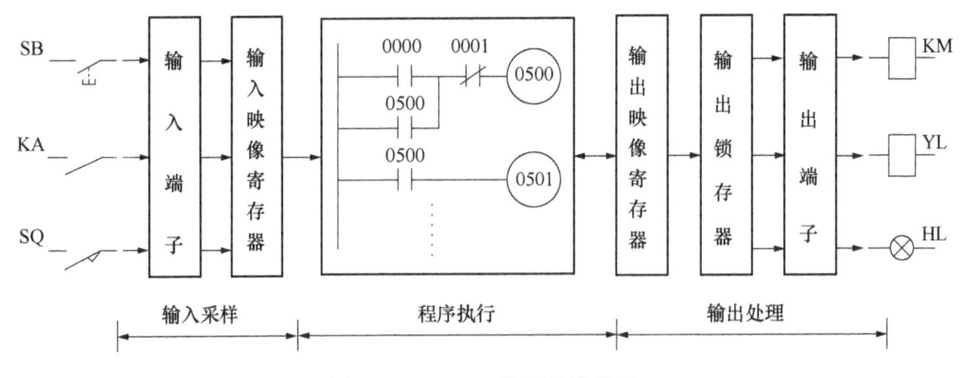

图3－3 PLC工作过程示意图

(1) 输入采样阶段。在输入采样阶段，PLC按顺序扫描所有输入端子，并将各输入信号存入输入映像寄存器中，这一过程称为采样。此时，输入映像寄存器被刷新。此后，输入映像寄存器与外界隔离，无论输入信号如何变化，其内容保持不变，直到下一个扫描周期的输入采样阶段，才重新写入新的输入信号，即输入映像存储器的内容每周期刷新一次。由于，两次采样之间的间隔时间很短，对一般的开关量而言，可以认为采样是连续的，不会影响对现场信号的反应速度。

(2) 程序执行阶段。PLC按顺序对梯形图程序进行扫描，即按从上到下、从左到右的顺序逐条扫描各指令，并从输入映像寄存器和输出映像寄存器中获得所需的数据进行运算，再将程序执行的结果存入寄存执行结果的输出映像寄存器中。输出映像寄存器的内容会随着程序执行过程而变化，直到执行完所有用户程序后，输出映像寄存器的内容不再变化。

(3) 输出刷新阶段。在执行完所有用户程序后，PLC将输出映像寄存器中的内容转存到输出锁存器中，再去驱动外部负载。

PLC在整个运行期间，以一定的扫描速度重复执行上述三个阶段，即采用循环扫描的工作方式。每重复一次称为一个扫描周期，扫描周期的时间因程序的长短而不同，一般在40～100 ms。

3.4 可编程控制器的主要性能指标

各厂家的PLC产品各有特色，但其主要性能指标都是相同的，主要有如下几点。

1. I/O点数

I/O点数是指PLC外部输入、输出端子的总数，这是非常重要的一项技术指标。

2. 扫描速度

扫描速度一般指执行一步指令所需的时间，单位是μs/步，有时也以执行1 000步指令所需的时间计，单位为ms/千步，通常为10 ms。小型PLC的扫描时间可能大于40 ms。

3. 存储容量

存储容量是衡量PLC能存放多少用户程序的指标，通常用K字或K字节来表示。在PLC中，程序指令是按“步”来存放的，一步占用一个地址单元，一个地址单元一般占用2个字节。一般小型机的存储容量为1KB到几KB，大型机则为几十KB，甚至1MB到2MB。

4. 指令系统

PLC指令的多少是衡量其软件功能强弱的主要指标。PLC具有的指令种类越多，它的软件功能就越强，编程就越方便简单。

5. 内部寄存器

PLC内部有许多寄存器用以存放变量状态、中间结果和数据等，还有许多辅助寄存器给用户提供特殊功能，以简化程序设计。因此，寄存器的配置情况也是衡量PLC功能的一项指标。

6. 特殊功能模块

PLC除了具备实现基本控制功能的主控模块外，还可配置各种特殊功能模块，以实现一些专门功能。目前，各生产厂家提供的特殊功能模块种类越来越多，功能越来越强，成为衡量PLC产品水平高低的一个重要标志。常用的特殊功能模块有：A/D模块、D/A模块、高速计数模块、位置控制模块、定位模块、温度控制模块、远程通信模块、高级语言编程以及各种物理量转换模块等。这些特殊功能模块使PLC不但能进行开关量顺序控制，而且能进行模拟量控制、定位控制和速度控制，还可以和计算机通信，直接使用高级语言编程，从而为用户提供了强有力的工具。

3.5　可编程控制器的应用及发展趋势

3.5.1　可编程控制器的应用

随着PLC功能的不断完善，性价比的不断提高，PLC的应用也越来越广泛。目前，可编程控制器在国内外已广泛应用于钢铁、石油、化工、电力、建材、机械制造、汽车、轻纺、交通运输、环保等各行业。其用途大致有以下几个方面。

1. 开关量逻辑控制

这是 PLC 最基本、最广泛的应用领域。PLC 具有“与”“或”“非”等逻辑指令，可以实现触点和电路的串、并联，代替继电器进行逻辑控制、定时控制及顺序控制。开关量逻辑控制可以用于单台设备，也可以用于自动化生产线，如切纸机械、组合机床及电镀流水线等。

2. 位置控制

PLC 使用专用的指令或位置控制模块对直线运动或圆周运动进行控制，可实现单轴、双轴、三轴和多轴位置控制，使运动控制与顺序控制功能有机地结合在一起。PLC 的运动控制功能广泛地用于各种机械，如金属切削机床、金属成形机械、装配机械、机器人、电梯等。

3. 过程控制

过程控制是指对温度、压力、流量等连续变化的模拟量的闭环控制。PLC 通过模拟量 I/O 模块，实现 A/D 和 D/A 转换，并对模拟量实行闭环 PID 控制。现代的 PLC 一般都有 PID 闭环控制功能，这一功能可以用 PID 功能指令或专用的 PID 模块来实现。其 PID 闭环控制功能已经广泛地应用于塑料挤压成形机、加热炉、热处理炉、锅炉等设备。

4. 数据处理

现代的 PLC 具有数学运算（包括四则运算、矩阵运算、函数运算、字逻辑运算、求反、循环、移位和浮点数运算等）、数据传送、转换、排序和查表、位操作等功能，可以完成数据的采集、分析和处理。这些数据可以与储存在存储器中的参考值比较，也可以利用通信功能将其传送到别的智能装置，或者将它们打印制表。

5. 通信联网

PLC 的通信包括主机与远程 I/O 之间的通信、多台 PLC 之间的通信、PLC 与其他智能控制设备（如计算机、变频器、数控装置）之间的通信。PLC 与其他智能控制设备一起，可以组成“分散控制、集中管理”的分布式控制系统，以满足工厂自动化系统发展的需要。

3.5.2 可编程控制器的发展趋势

PLC 经过了几十年的发展，实现了从无到有，从一开始的简单逻辑控制到现在的过程控制、数据处理和联网通信，随着科学技术的进步，PLC 还将有更大的发展，主要表现在以下几个方面。

(1) 从技术上看，向高性能、高速度、大容量发展。

随着计算机技术的新成果更多地应用到 PLC 的设计和制造上，PLC 会向运算速度更快、存储容量更大、功能更广、性能更稳定、性价比更高的方向发展。

(2) 从规模上看，向小型化和大型化两个方向发展。

随着 PLC 应用领域的不断扩大，为适应市场的需求，PLC 会进一步向超小型和超大型两个方向发展。

低档 PLC 向小型、简易、廉价方向发展，使其配置更加灵活，争取能够更加广泛地取代继电器控制。例如，最小配置的 PLC I/O 点数仅为 8 ~ 16 点，以便适应单机及小型自动控制的需要。

中、高档 PLC 向大型、高速、多功能方向发展，使之能与计算机组成集成控制系统，对大规模、复杂系统进行综合性的自动控制。现已有 I/O 点数达 14 336 点的超大型 PLC，它使用 32 位微处理器，多 CPU 并行工作，功能更强大。

(3) 从配套上看，向品种更丰富、规格更齐全方向发展。

(4) 从标准上看，向 IEC1131 标准的方向发展。

随着 IEC1131 标准的诞生，各厂家 PLC 或同一厂家不同型号的 PLC 互不兼容的格局将被打破，将会使 PLC 的通用信息、设备特性、编程语言等向 IEC1131 标准的方向发展。

(5) 从网络通信的角度看，向网络化和通信的简便化方向发展。

随着 PLC 和其他工业控制计算机组网构成大型控制系统以及现场总线的发展，PLC 将向网络化和通信的简便化方向发展。

从 PLC 的发展趋势看，PLC 技术将在未来的工业自动化三大支柱技术（PLC 技术、机器人技术和 CAD/CAM 技术）中跃居首位。

习　题

3-1　简述 PLC 的定义。

3-2　PLC 有哪些主要特点？

3-3　与继电器控制系统相比，PLC 系统有哪些优点？

3-4　PLC 可以按照哪些方式进行分类？

3-5　PLC 的基本结构如何？试阐述其工作过程。

3-6　PLC 的工作方式是什么？

3-7　什么是扫描周期？影响扫描周期长短的因素有哪些？

3-8　PLC 有哪些主要技术指标？

3-9　PLC 可以用在哪些领域？

3-10　PLC 的发展趋势如何？

第4章

欧姆龙PLC的硬件配置及内部器件

4.1 P型机的硬件配置及内部器件

欧姆龙公司的SYSMAC－C系列P型机属于小型机，专用于开关量控制，P型机除具有一般小型机的功能外，还具备一定的数据处理能力，能够满足相对复杂的开关量控制的需求。

4.1.1 P型机的硬件配置

P型机的硬件配置包括主机单元、I/O扩展单元、特殊单元和编程器。这些硬件单元都根据其功能、特点和性质，编以相应的型号，以方便用户选用。其型号代码的构成最多有三段，用“－”分隔，第一段标明基本的规格与特点，可看出I/O点数；第二段标明功能和类型，可看出用途、形式及类型；第三段标明使用的电源情况。P型机型号的具体含义如图4－1所示。如图4－2中PLC的型号为C40P－CDR－A，表示C系列P型机主机单元，I/O点数为40点，输入为

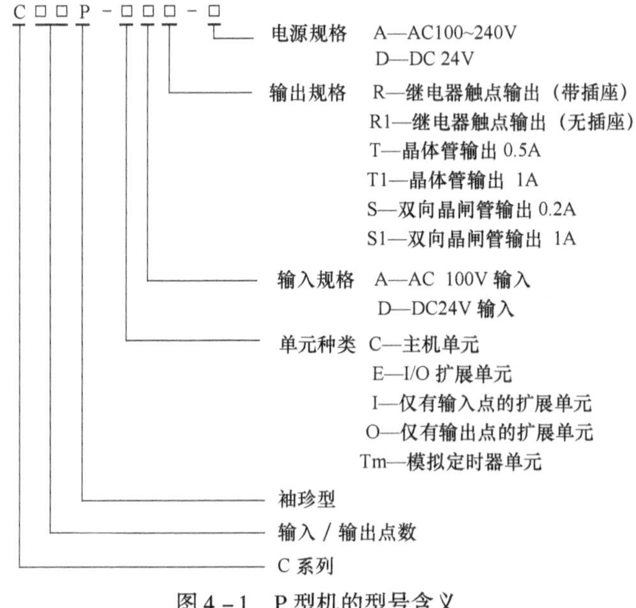

图4－1 P型机的型号含义

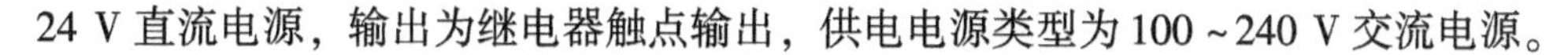

24 V 直流电源，输出为继电器触点输出，供电电源类型为 100 ~ 240 V 交流电源。

1. 主机单元

P 型机的主机单元有四种型号，如表 4 – 1 所示。

表 4 – 1　P 型机主机单元型号

型　号	输入点数/点	输出点数/点
C20P	12	8
C28P	16	12
C40P	24	16
C60P	32	28

P 型机的主机单元设置有输入/输出端子、高数计数器端子、24V 直流输出端子、外部设备接口、扩展接口等。以 C40P 为例，其前面板如图 4 – 2 所示。

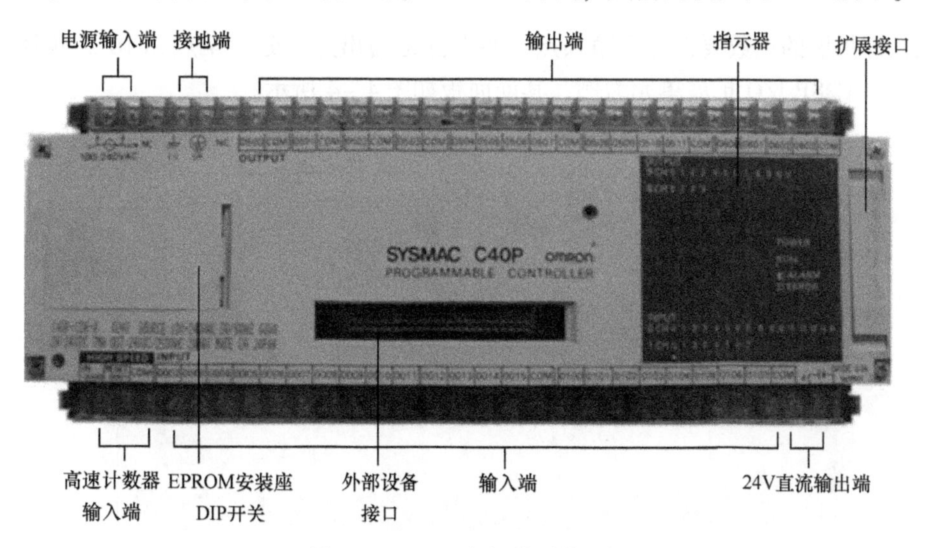

图 4 – 2　C40P 主机单元前面板

P 型机提供了 RAM 区，并配有 EPROM 安装插座，用户可以任意选用 RAM 或 EPROM 来存放用户程序；外部设备接口用来连接编程器、打印机等外部设备；I/O 扩展接口用来与 I/O 扩展单元相连，对输入/输出点数进行扩充；显示器部分反映了 PLC 的工作情况，如电源、运行、出错及报警等信息。C40P 主机单元指示器详细信息如图 4 – 3 所示。

2. I/O 扩展单元

当主机单元的 I/O 点数不够用时，可以采用 I/O 扩展单元进行扩展，增加所需的 I/O 点数。P 型机的扩展单元有两种类型，一种是与主机单元 I/O 点数相同的扩展单元，分为 20 点、28 点、40 点、60 点四种规格；另一种是单一扩展单

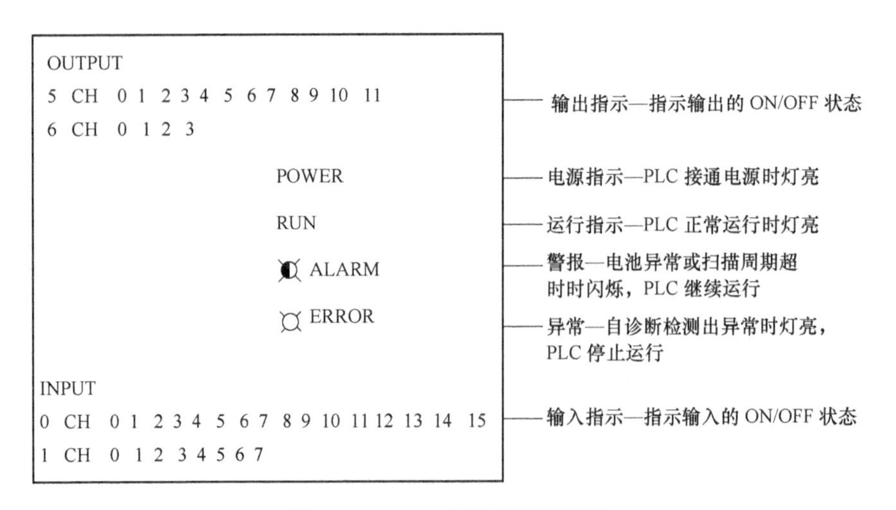

图 4－3　C40P 主机单元指示器

元，即扩展的点数要么都是输入点，要么都是输出点，分为 4 点和 16 点两种规格。以 C28P I/O 扩展单元为例，其前面板如图 4－4 所示。

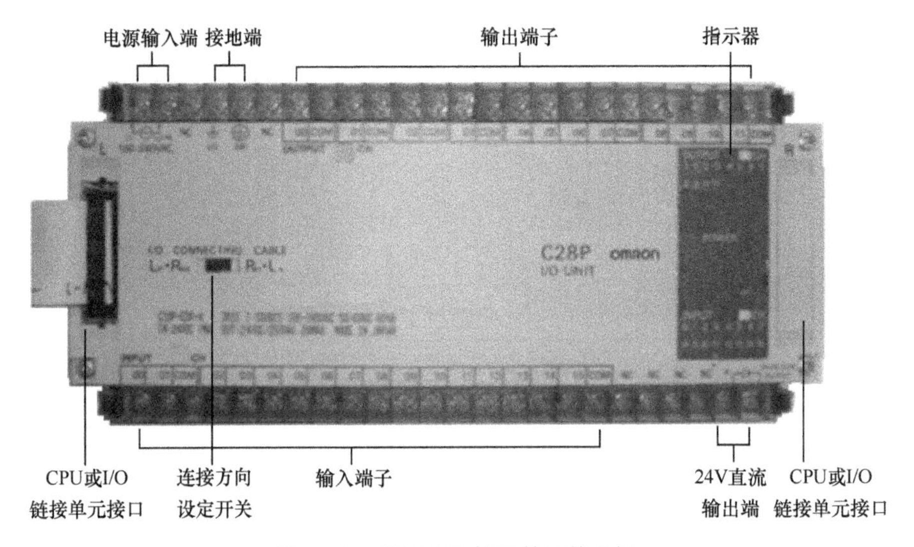

图 4－4　C28P I/O 扩展单元前面板

扩展单元从外观上看与主机单元相似，也有接线端子、显示器和扩展接口。所不同的是，扩展单元没有 CPU 和存储器。因此，扩展单元不能单独使用，只能与主机单元连用，作为主机单元 I/O 点数的扩充。每个主机单元都可以连接一个同样规格或下一级规格的扩展单元，不能连接上一级规格的扩展单元。如 C40P 主机可以连接 C40P 或 C28P 扩展单元，而 C28P 主机不可以连接 C40P 扩展单元。

在扩展单元上有两个可与主机单元连接的接口，左右各一个，可用面板上的左右选择开关根据需要来选用。如开关打到左边，表示左边接口为输入，用来与主机单元连接，右边接口为输出，用来与 I/O 链接单元相连。

在主机单元和扩展单元中都有电源输入端和 24 V 直流输出端。电源输入端可接 AC 220 V，电源波动 ±10% 不会影响 PLC 正常工作；24 V 直流输出端最大可以输出 0.2 A、0.3 A 电流，主要供本机输入端使用。

3. 特殊单元

除了 I/O 扩展单元，可用于 P 型机的其他单元称为特殊单元，包括 I/O 链接单元、模拟定时器单元、A/D、D/A 单元等。

4. 编程器

编程器的作用是对程序进行输入和编辑，并能对 PLC 的运行情况进行监视。编程器可分为简易编程器和图形编程器，对整个 C 系列都是通用的。编程器可以直接用螺钉安装在 PLC 主机单元箱体上，也可以通过连接电缆与 PLC 相连。编程器通常包括液晶显示、方式选择开关和键盘三部分，如图 4 -5 所示。

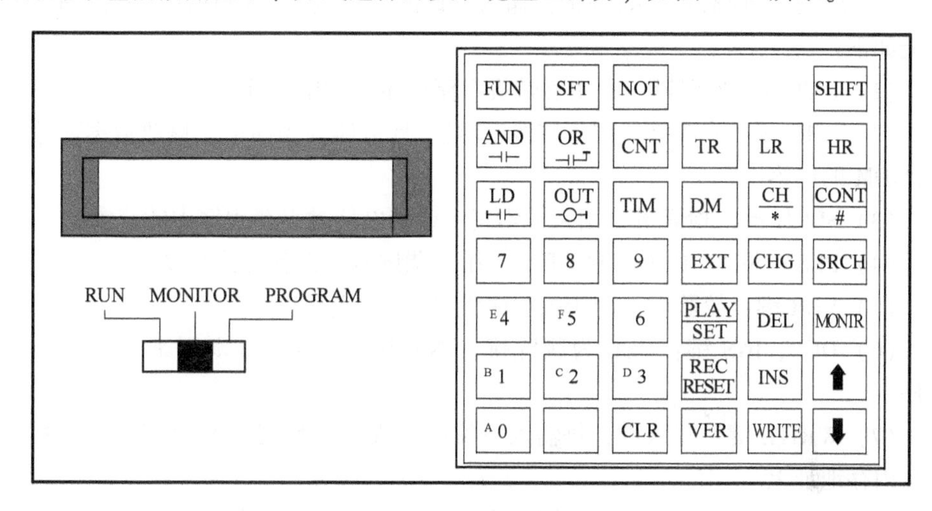

图 4 -5　编程器面板

液晶显示屏由显示块组成，每行可显示 16 个字符，第一行显示地址，第二行显示内容或状态。操作人员通过液晶显示屏可以了解 PLC 的一些状态，如用户程序的语法错误、RAM 后备电池失效、程序传输控制错误、编程信息、操作的执行结果及输入/输出信号的状态等信息。

方式选择开关有三个位置，用来选择 PLC 的三种工作方式，分别是：

RUN——运行状态，方式选择开关打到该位置，使 PLC 运行程序。在该状态下不能修改程序，可监视 PLC 的运行情况。

MONITOR——监控状态，方式选择开关打到该位置，使 PLC 处于监控状态。通过液晶显示屏，可以监视 PLC 的执行情况、显示各逻辑变量的状态及改变某逻辑变量的状态。

PROGRAM——将方式选择开关打到该位置，才可以对 PLC 进行写入或修改程序。

键盘由 39 个键组成，按照功能的不同分为四种，分别用不同的颜色来区分。键盘的上半部为灰色的指令键，左下侧部分为白色的数字键和红色的清除键，右下侧部分为黄色的控制键。

1）数字键（白色）

0 ~ 9 共 10 个，用来输入程序地址或数据，如继电器的编号及定时器的设定值等。数字键和功能键 FUN 组合可形成应用指令。其中在 0 ~ 5 键后按移位键 SHIFT，可组合出字母 A ~ F。

2）清除键（红色）

1 个，即 CLR 键，用来清除显示屏的显示。

3）控制键（黄色）

共 12 个，实现对程序的编辑，输入、修改或查询程序时使用。各控制键的功能如下：

（1）EXT 键：外引键，利用磁带机存储程序时使用该键。

（2）CHG 键：修改键，用于修改定时器/计数器的当前值、修改数据存储继电器 DM 的内容。

（3）SRCH 键：检索键，用来检索指令或继电器触点在程序中的位置。

（4）PLAY/SET、REC/RESET 键：用于调试时的强制置位与复位。

（5）VER 键：校验键，用于校验磁带机中的程序。

（6）DEL、INS 键：DEL 为删除键，INS 为插入键，分别用来删除或插入程序。

（7）WRITE 键：写入键，每输入一条指令或一个数据都要用该键将其写入 PLC 内存地址上。

（8）MONTR 键：监控键，用于监控通道或继电器的状态。

（9）↑、↓键：改变地址键，当需要单步执行程序时使用该键。按↑键地址减小，按↓键地址增加。

4）指令键（灰色）

共 16 个，用来输入指令。各指令键的功能如下：

（1）FUN 键：功能键，用于输入带有功能码的指令，如结束指令 END 的输入就要利用该键，依次按下 FUN 键、0 键、1 键即显示出 END 指令。

（2）SHIFT 键：扩展功能键，利用该键和有扩展功能的键来形成第二功能。

（3）SFT、NOT、AND、OR、CNT、LD、OUT、TIM 基本指令键：利用这些指令键可输入相应的指令。

（4）TR、LR、HR、DM、CH/＊、CONT/#数据区键：利用这些键指定指令数据区。

4.1.2　P 型机的内部器件

在 PLC 梯形图程序设计中，需要各种逻辑器件和运算器件来完成各种运算及控制功能，这些器件成为编程器件，即内部器件。这些内部器件并非物理器件，实质上是一些存储器单元，其地址与它们的编号相对应。为了便于理解，继续引用电气控制系统中继电器的概念。将 PLC 的存储器按照功能分为若干个继电器区，每个区又划分为若干个连续的通道，每个通道都由 16 个二进制位（00 ~ 15）组成。每一个二进制位称为一个继电器。

每个继电器都有唯一的一个地址。C 系列 PLC 利用通道/触点的方式来对每个继电器进行编号，即分配地址。通道和触点均从 0 开始编号，如继电器 0101 为 01 通道的 01 触点，即第 2 通道的第 2 触点。

P 型机设置有：输入继电器，输出继电器，内部辅助继电器，保持继电器，暂存继电器，专用内部继电器，定时器/计数器，数据存储继电器和高速计数器。以上各类继电器（除输入继电器和专用内部继电器线圈外）的线圈和触点都是 PLC 的编程元件。

1. 输入继电器（X）

输入继电器（Input Relay）占用 00 ~ 04CH，共 5 个通道（Channel），每个通道有 16 个继电器 00 ~ 15。输入继电器编号为 0000 ~ 0415，共 80 点。

每个输入继电器都有一个 PLC 的输入端子与之对应，其线圈与 PLC 输入端子直接相连。它用于接收外部的开关信号。PLC 控制系统的示意如图 4 – 6 所示。PLC 的第一个输入端子内部对应的继电器为 0000，第二个输入端子内部对应的继电器为 0001。这两个端子外部都连接着输入触点，如按钮、行程开关等。当外部输入触点闭合时，其对应的输入继电器线圈得电，触点动作，常开触点闭合，常闭触点断开。这些触点可以在编程时任意使用，使用次数不受限制。

输入继电器的状态只取决于外部输入信号的状态，不受用户程序的控制，因此，在梯形图中不能出现输入继电器的线圈。

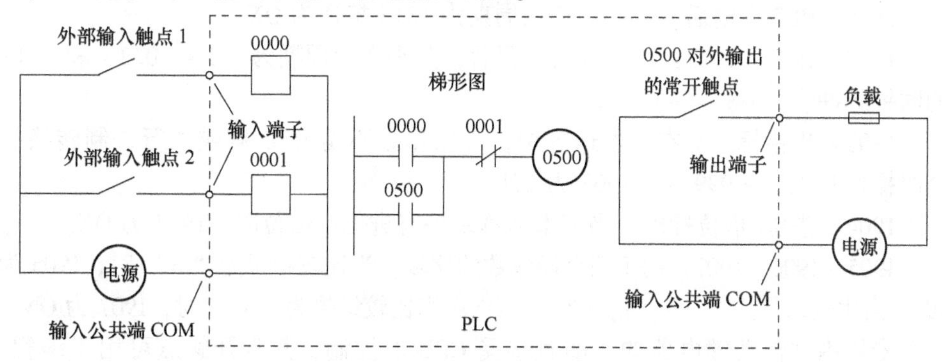

图 4 – 6　PLC 控制系统的示意图

2. 输出继电器（Y）

输出继电器（Output Relay）占用05~09CH，共5个通道，每个通道有12个继电器即00~11，其余4个继电器（即12~15）被PLC用于内部操作的辅助继电器所占用。输出继电器编号为0500~0911，共60点。

每个输出继电器都有一个PLC的输出端子与之对应。输出继电器用来将PLC的输出信号传送给输出单元，再由输出单元驱动外部负载。输出单元中的每一个硬件继电器仅有一对用于外部输出的常开触点，用于直接驱动负载。但是在梯形图中，每一个输出继电器的常开触点和常闭触点都可以多次使用。输出继电器由程序执行结果来驱动。

如图4-6所示，通过程序运算，使0500为“1”时，其用于外部输出的常开触点闭合，使负载接通电源，开始工作。

3. 内部辅助继电器（IR）

内部辅助继电器（Auxiliary Internal Relay）占用9个通道10~18CH，继电器编号为1000~1807，共计136点，其中18CH中1808~1815分配给专用内部辅助继电器。内部辅助继电器作为PLC的编程元件，专供逻辑运算使用，其作用相当于继电器控制系统中的中间继电器，其线圈由程序驱动，它不能去驱动PLC的外部负载。

4. 专用内部辅助继电器（SR）

专用内部继电器（Special Internal Relay）编号为1808~1907，共16点。16个专用内部辅助继电器用来监控PLC的操作。

1808：锂电池电压过低时为ON，起到报警作用。

1809：CPU扫描周期超过100 ms时为ON。

1810：使用高速计数器FUN98指令，当复位端0001接收到复位信号时，1810为ON一个扫描周期的时间。

1811、1812、1814：常OFF。

1813：常ON。

1815：PLC上电后，第一个扫描周期内1815接通为ON。

1900、1901、1902：PLC接通电源后，分别产生周期为0.1 s、0.2 s和1.0 s的时钟脉冲。

1903：出错标志。在算术运算中，当操作数不是BCD码或执行进制转换指令时操作数大于9 999时，1903为ON。

1904：进位/借位标志。当算术运算结果有进位或借位时，1904为ON。

1905、1906、1907：用于两个操作数的比较。当比较结果为“>”时，1905为ON；当比较结果为“=”时，1906为ON；当比较结果为“<”时，1907为ON。

专用内部辅助继电器的线圈直接受CPU的控制，其常开触点可用于编程，但是其线圈和常闭触点不能出现在程序中。

5. 保持继电器（HR）

保持继电器(Hold Relay) 占用10个通道HR0～HR9CH，继电器编号为HR000～HR915，共160点。当电源掉电时，保持继电器能够将断电前的状态保持起来，PLC恢复供电时，保持继电器将再现原来的状态，使PLC继续断电前的状态运行。

6. 暂存继电器（TR）

暂存继电器（Temporary Relay）共8个：TR0～TR7，用于处理分支电路，暂存梯形图某逻辑行左侧电路块逻辑运算结果。

7. 数据存储继电器（DM）

数据存储继电器（Data Memory）占用64个通道DM00～DM63CH，每个通道有16位。作为PLC的数据存储器，每个通道可存放4位十六进制数（BIN码）或4位十进制数（BCD码）。CPU以通道为单位进行操作，因此，在编程时，不能以点为单位出现。当PLC突然断电时，DM中各点能保持停电前的状态。

8. 定时器/计数器（TIM/CNT）

P型机设置了48个定时器/计数器，编号为00～47，普通定时器、高速定时器、普通计数器和可逆计数器共用这48个编号。在同一程序中，同一个编号不能重复使用。高速计数器FUN98，固定用CNT47存放计数的当前值。

4.2 CPM1A型机的硬件配置及内部器件

欧姆龙公司的CPM系列产品包括CPM1A、CPM2A、CPM2AH、CPM2AH－S、CPM2C，均为C系列P型机的升级产品。其中广为使用的CPM1A型PLC与P型机相比，具有体积小、价格低、功能强的优点。

CPM系列产品的型号代码含义与P型机类似，如图4－7所示。图4－8中的

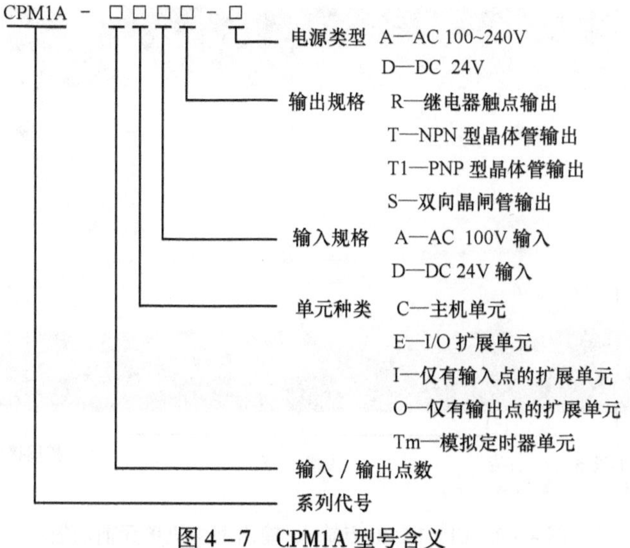

图4－7 CPM1A型号含义

PLC 型号为 CPM1A－40CDR－A，表示 CPM1A 系列主机单元，I/O 点数为 40 点，输入为 24 V 直流电源，输出为继电器触点输出，供电电源类型为 100～240 V 交流电源。

4.2.1 CPM1A 型机的硬件配置

1. 主机单元

CPM1A 主机单元配置了 10～40 点四种输入/输出型，其型号如表 4－2 所示。

表 4－2 CPM1A 主机单元型号

型　号	输入点数/点	输出点数/点	继电器输出型	晶体管输出型
10 点输入输出型	6	4	CPM1A－10CDR－A	CPM1A－10CDT－D（NPN）
			CPM1A－10CDR－D	CPM1A－10CDT1－D（PNP）
20 点输入输出型	12	8	CPM1A－20CDR－A	CPM1A－20CDT－D（NPN）
			CPM1A－20CDR－D	CPM1A－20CDT1－D（PNP）
30 点输入输出型	18	12	CPM1A－30CDR－A	CPM1A－30CDT－D（NPN）
			CPM1A－30CDR－D	CPM1A－30CDT1－D（PNP）
40 点输入输出型	24	16	CPM1A－40CDR－A	CPM1A－40CDT－D（NPN）
			CPM1A－40CDR－D	CPM1A－40CDT1－D（PNP）

CPM1A 主机单元配置有输入/输出端子、24 V 直流输出端子、外部设备接口、扩展接口等。以 CPM1A 40 点输入/输出型主机单元为例，其前面板如图 4－8 所示。

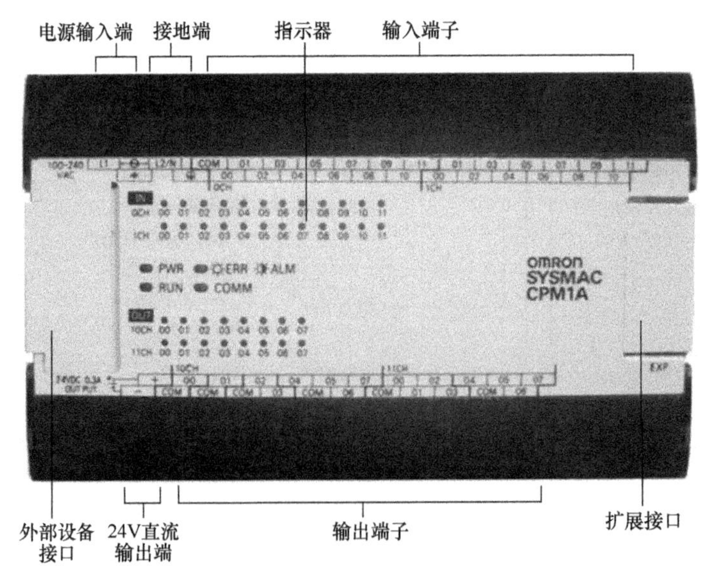

图 4－8 CPM1A 40 点输入/输出型主机单元前面板

CPM1A 主机单元各端子及接口功能与 P 型机一致，其指示器部分各 LED 状态如表 4－3 所示。

表 4－3　CPM1A 主机单元指示器 LED 状态

LED 灯	显　示	状　态
POWER（绿色）	亮	接通电源
	灭	切断电源
RUN（绿色）	亮	运行/监控方式
	灭	编程方式或停止运行
ERR/ALM（红色）	亮	出现故障
	闪烁	发出警告
	灭	正常状态
COMM（橙色）	闪烁	正与外设通信
	灭	非通信状态

2. I/O 扩展单元

若 CPM1A 主机单元的输入/输出点数不够用时，可以通过配置 CPM1A 扩展单元来满足系统需求。CPM1A 扩展单元只有 20 点输入/输出型一种规格，其型号如表 4－4 所示。

表 4－4　CPM1A 扩展单元型号

型　号	输入点数/点	输出点数/点	继电器输出型	晶体管输出型
20 点输入输出型	12	8	CPM1A－20EDR	CPM1A－20EDT－D（NPN）
				CPM1A－20EDT1－D（PNP）

CPM1A－20EDR 扩展单元前面板如图 4－9 所示。

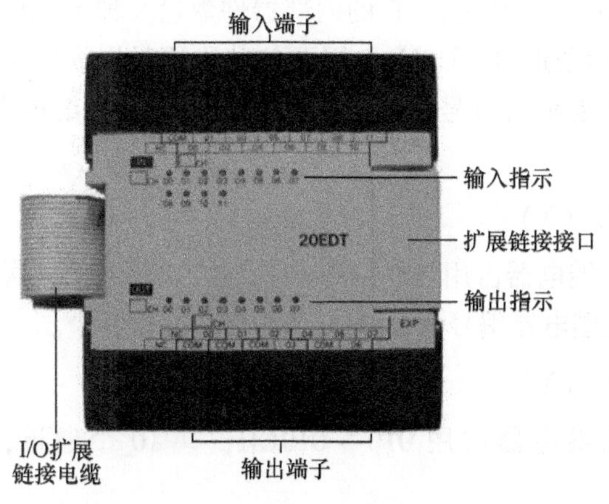

图 4－9　CPM1A－20EDR 扩展单元前面板

只有30点和40点的主机单元才可以连接CPM1A扩展单元，最多可以连接3个CPM1A扩展单元。40点主机单元连接3个20点扩展单元时，可扩展成100个I/O点。因此，CPM1A系列PLC的I/O可在10～100点之间进行弹性配置。扩展单元一旦和主机单元连接后，其输入和输出通道号就被自动配置。CPM1A的系统扩展如图4－10所示。

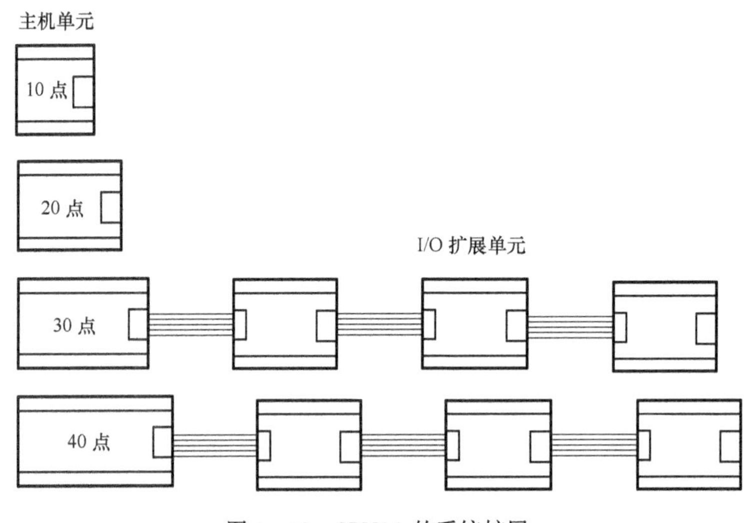

图4－10　CPM1A的系统扩展

3. 编程工具

CPM1A可以用OMRON公司生产的简易编程器进行编程，也可以在个人计算机上利用OMRON公司提供的编程软件如CX－P或PT进行编程。

4.2.2　CPM1A型机的内部器件

CPM1A比P型机功能更强，它的内部器件数量及种类也比P型机更加丰富。P型机用两位数表示通道号，CPM1A用两位数则不足以表示出全部通道。因此，CPM1A用三位数来表示通道号，再加上两位触点号，其继电器的编号以五位数来表示。

1. 输入继电器（X）

CPM1A的输入继电器占用000～009CH，共10个通道，每个通道有16个继电器00～15。输入继电器编号为00000～00915，共160个。

2. 输出继电器（Y）

CPM1A的输出继电器占用010～019CH，共10个通道，编号为01000～01915，共160个。

3. 内部辅助继电器（IR）

CPM1A 的内部辅助继电器占用 200 ~ 231CH，共 32 个通道，512 个内部辅助继电器。其编号为 20000 ~ 23115。

4. 专用内部辅助继电器（SR）

专用内部辅助继电器用于暂存 CPM1A 有关动作的标志位、各种功能的设定值或当前值。CPM1A 的专用内部辅助继电器占用 232 ~ 255CH，共 24 个通道，384 个内部辅助继电器。其编号为 23200 ~ 25515。各专用内部辅助继电器的功能如附录 B 所示。

5. 保持继电器（HR）

CPM1A 的保持继电器通道为 HR00 ~ HR19，共 20 个通道，320 个保持继电器。其编号为 HR0000 ~ HR1915。

6. 暂存继电器（TR）

与 P 型机一样，CPM1A 共有 8 个暂存继电器，TR0 ~ TR7，用于处理分支程序。

7. 链接继电器（LR）

当 CPM1A 与其他 PLC 进行通信时，可通过链接继电器与对方 PLC 交换数据。CPM1A 链接继电器的通道为 LR00 ~ LR15，共 16 个通道，256 个链接继电器。其编号为 LR0000 ~ LR1515。

8. 辅助记忆继电器（AR）

辅助记忆继电器用于存储 CPM1A 的动作异常标志、高速计数、脉冲输出动作状态标志及扫描周期。其内容即使在电源掉电及运行开始/停止时，也能保持不变。

CPM1A 的辅助记忆继电器通道为 AR00 ~ AR15，共 16 个通道，256 个辅助记忆继电器。其编号为 AR0000 ~ AR1515。各辅助记忆继电器的功能如附录 C 所示。

9. 数据存储区（DM）

数据存储继电器是以字（通道）为单位来使用的存储器。CPM1A 的数据存储继电器有数千字，分为读/写区、只读区和 PC 系统设定区三类。数据存储区的通道分配如表 4 - 5 所示。其中读/写区使用最频繁；只读区不能用程序写入数据，但可以用编程器先行写入后再在程序读取使用；PC 系统设定区用于 PLC 中的状态机参数设定。

表 4－5　数据存储区的通道分配

<table>
<tr><td rowspan="4">数据存储区</td><td>可读/写</td><td>1 002 字</td><td>DM0000～DM0999
DM1022～DM1023</td></tr>
<tr><td>出错记录区</td><td>22 字</td><td>DM1000～DM1021</td></tr>
<tr><td>只读</td><td>456 字</td><td>DM6144～DM6599</td></tr>
<tr><td>PC 系统设定区</td><td>56 字</td><td>DM6600～DM6655</td></tr>
</table>

10. 定时器/计数器（TIM/CNT）

CPM1A 提供了 000～127 共 128 个定时器/计数器，TIM、TIMH、CNT、CNTR 共用这 128 个编号。与 P 型机一样，在同一程序中，这些编号不允许重复使用。

习　题

4－1　PLC 的硬件由哪几部分组成？各部分的作用是什么？

4－2　PLC 的继电器是物理继电器吗？

4－3　P 型机有哪些内部器件？

4－4　P 型机的继电器是如何进行编号的？

4－5　输入继电器和输出继电器的作用是什么？

4－6　输入继电器的线圈可否由程序驱动？

4－7　P 型机与 CPM1A 型机的通道分配是否一致？

4－8　P 型机的主机单元有哪几种类型？

4－9　PLC 的型号 C20P－CDR－A 的含义是什么？

4－10　CPM1A 系列 PLC 的 I/O 点数最多可以扩展到多少？

第 5 章

欧姆龙 PLC 的指令系统及应用

5.1 编程语言

可编程控制器用户程序的编制需要使用生产厂方提供的编程语言，尽管其编程语言不尽相同，但差异不大。常见编程语言有：梯形图语言、指令表语言、逻辑功能图语言、顺序功能图语言、结构文本语言。

1. 梯形图语言

梯形图是一种以图形符号及其在图中的相互关系来表示控制关系的编程语言，是从继电器电路图演变过来的，是使用最广泛的 PLC 编程语言。梯形图与继电器控制系统的电路图很相似，直观易懂，很容易被熟悉继电器控制的电气人员掌握，特别适用于开关量逻辑控制。梯形图由触点、线圈和应用指令等组成，触点代表逻辑输入条件，如外部的开关、按钮和内部条件等；线圈通常代表逻辑输出结果，用来控制外部的指示灯、交流接触器等。梯形图的基本图形符号如图 5－1所示。梯形图和继电器控制原理对比如图 5－2 所示。

梯形图通常有左右两条母线（右母线一般省略不画），两母线之间是由继电器的常开、常闭触点以及继电器线圈组成的一条条平行的逻辑行（或称梯级）。每个梯级起始于左母线，再按照一定的控制规则连接各个触点，最后以继电器线圈结束。

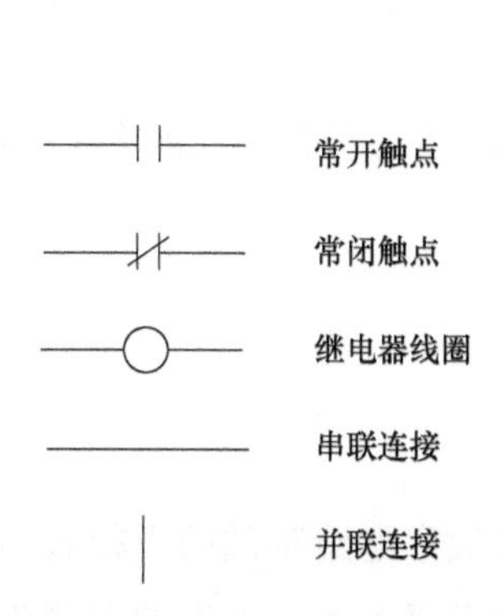

图 5－1　梯形图的基本图形符号

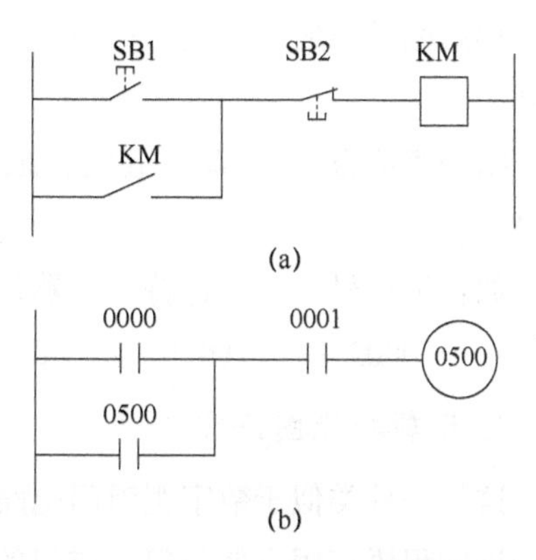

图 5－2　梯形图和继电器控制原理

（a）继电器控制原理；（b）PLC 控制梯形图

PLC 的梯形图与继电器控制原理图有本质的区别。

（1）继电器控制原理图中的继电器和接线是真正的物理继电器和硬接线，而梯形图中的继电器是软继电器，是引用的一种概念，其实质是 PLC 内部的寄存器。梯形图中的连线只是程序中逻辑关系的表述，并非真正的接线。

（2）工作方式不同。继电器控制是并行的工作方式：当电源接通时，线路中各继电器同时处于受制约状态；而梯形图的工作方式是串行的，PLC 按照从左到右、自上而下的顺序逐一扫描梯形图进行处理，图中受同一条件制约的各软继电器的动作顺序取决于在程序中的排列次序，不存在几条支路同时动作的情况。

（3）实现控制的功能手段不同。继电器控制依靠硬接线来完成控制目的，而 PLC 通过编写程序来实现控制的逻辑关系。

（4）触点数量不同。物理继电器的触点数量有限，用于控制的继电器触点数一般只有 4 ~8 对，而梯形图中软继电器供编程使用的触点个数无限，每使用一次仅相当于调用一次该继电器的状态。

（5）继电器控制原理图的母线是实际的电源线，需要加一定的电压，当支路接通时，流过电流，各支路元件两端都有电压。而梯形图的母线只是假想的电源线，不需要加电压。支路接通时，也无实际电流流过，只是设想的“能流”，用来表示从左到右的单向流动。

（6）梯形图修改方便，适应性强。而继电器控制电路一旦构成，其功能单一，修改困难。

2. 指令表语言

PLC 的指令是一种与微型计算机的汇编语言中的指令相似的助记符表达形式，由指令组成的程序叫做指令表语言。指令表语言较难阅读，其中的逻辑关系很难一眼看出，所以在设计时一般使用梯形图语言。如果使用手持式编程器，必须将梯形图转换成指令表后再写入 PLC。在用户程序存储器中，指令按步号顺序排列。

指令表语言由三部分组成：地址号（即步号）、助记符（即指令）和器件号。

如：地址号　　助记符　　器件号

　　0003　　　OUT　　　0500

3. 逻辑功能图语言

这是一种类似于数字逻辑门电路的编程语言，有数字电路基础的人很容易掌握。该编程语言用类似与门、或门的方框来表示逻辑运算关系，方框的左侧为逻辑运算的输入变量，右侧为输出变量，输入、输出端的小圆圈表示“非”运算，方框被“导线”连接在一起，信号自左向右流动，国内很少有人使用功能块图语言。

4. 顺序功能图语言

顺序功能图用来描述开关量控制系统的功能，是一种位于其他编程语言之上的图形语言，用于编制顺序控制程序。顺序功能图提供了一种组织程序的图形方法，根据它可以很容易地画出顺序控制梯形图程序。

5. 结构文本语言

结构文本是一种专用的高级编程语言。与梯形图相比，它能实现复杂的数学运算，编写的程序非常简洁和紧凑，但是需要有一定的计算机高级语言的知识和编程技巧，对工程设计人员要求较高，其直观性和操作性较差。

目前，各种类型的 PLC 一般都能同时使用两种以上的语言，且大多数都能同时使用梯形图和指令表。虽然不同的厂家梯形图、指令表的使用方式有差异，但基本编程原理和方法是一致的。

5.2　P 型机的指令系统

5.2.1　基本逻辑指令

1. 取指令

取指令也称为装载指令或起始指令，每一个程序的开始都要使用它。

（1）功能：用于描述一个梯级或一个逻辑块的开始。

（2）格式：LD　　　　B　　　　描述常开触点与左母线相连；

LD - NOT　　B　　　　描述常闭触点与左母线相连；

LD　为 LOAD 的缩写；

B　　为指定的继电器。

（3）指令使用说明：取指令的操作元件 B 可以是除了数据存储继电器以外的全部继电器。

2. 输出指令

（1）功能：用于输出逻辑运算的结果，驱动指定的继电器线圈。

（2）格式：OUT　　　　B　　将运算结果输出给指定的继电器；

OUT - NOT　B　　将运算结果取反后再输出给指定的继电器。

（3）指令使用说明：

①输出指令的操作元件 B 可以是输出继电器、内部辅助继电器、保持继电器

和暂存继电器，但不能是输入继电器。

②OUT 指令并行输出时可以连续使用任意次。

取指令和输出指令的使用如图 5 - 3 所示。

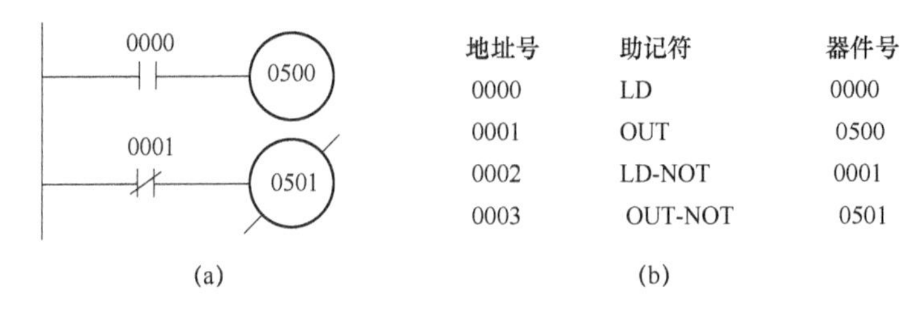

地址号	助记符	器件号
0000	LD	0000
0001	OUT	0500
0002	LD-NOT	0001
0003	OUT-NOT	0501

图 5 - 3　取指令和输出指令的使用

（a）梯形图；（b）指令表

3. 串联指令（与指令）

（1）功能：描述触点的串联连接。

（2）格式：AND　　B　　描述常开触点与其他支路串联连接；

AND - NOT　B　　描述常闭触点与其他支路串联连接。

（3）指令使用说明：

①实现串联的触点个数不限。

②用串联指令可以实现连续输出，即执行一个输出指令后，通过与其他触点的再串联，可以再驱动其他的线圈。

串联指令的使用如图 5 - 4 所示。

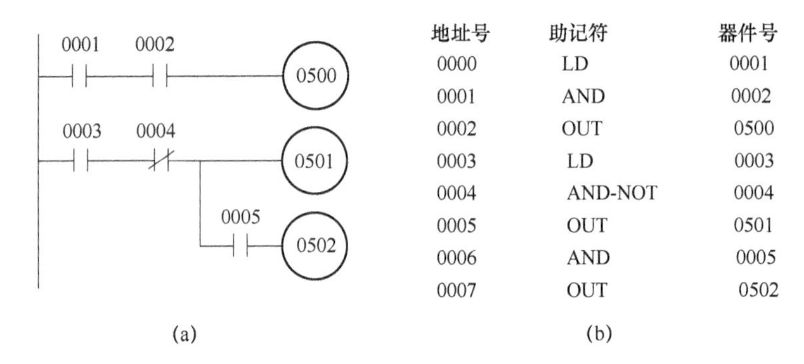

地址号	助记符	器件号
0000	LD	0001
0001	AND	0002
0002	OUT	0500
0003	LD	0003
0004	AND-NOT	0004
0005	OUT	0501
0006	AND	0005
0007	OUT	0502

图 5 - 4　串联指令的使用

（a）梯形图；（b）指令表

4. 并联指令（或指令）

（1）功能：描述触点的并联连接。

（2）格式：OR　　B　　描述常开触点与其他支路并联连接；

OR - NOT　B　　描述常闭触点与其他支路并联连接。

（3）指令使用说明：实现并联的触点个数不限。

并联指令的使用如图5－5所示。

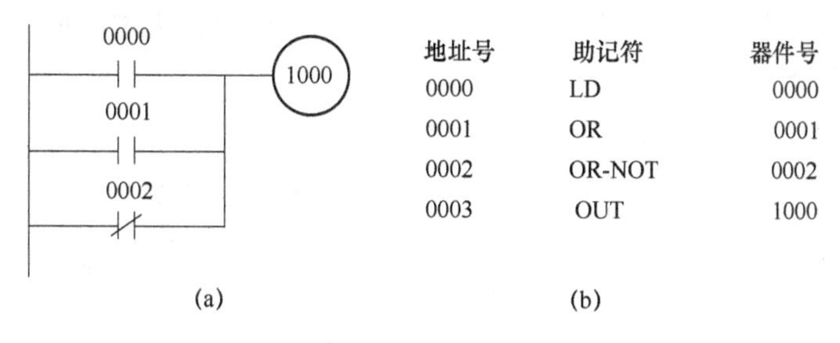

地址号	助记符	器件号
0000	LD	0000
0001	OR	0001
0002	OR-NOT	0002
0003	OUT	1000

图5－5　并联指令的使用

（a）梯形图；（b）指令表

5. 电路块串联连接指令（块与指令）

（1）功能：实现电路块的串联连接。

（2）格式：AND－LD。

（3）指令使用说明：

①AND－LD指令不带操作元件编号，是一条独立的操作指令。

②电路块的开始用取指令。

AND－LD指令的使用如图5－6所示。

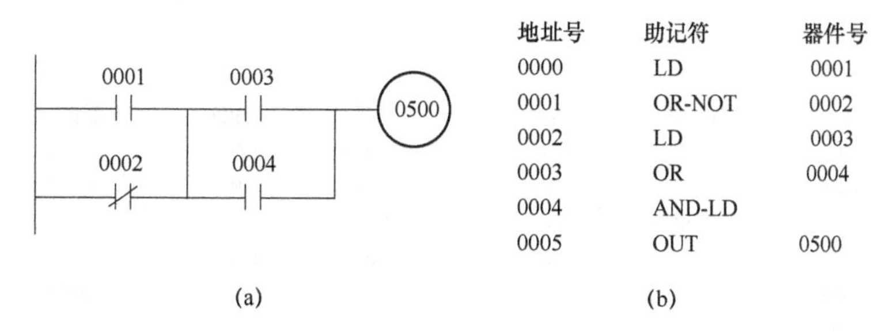

地址号	助记符	器件号
0000	LD	0001
0001	OR-NOT	0002
0002	LD	0003
0003	OR	0004
0004	AND-LD	
0005	OUT	0500

图5－6　AND－LD指令的使用

（a）梯形图；（b）指令表

6. 电路块并联连接指令（块或指令）

（1）功能：实现电路块的并联连接。

（2）格式：OR－LD。

（3）指令使用说明：

①OR－LD指令不带操作元件编号，是一条独立的操作指令。

②电路块的开始用取指令。

OR－LD指令的使用如图5－7所示。

当三个或三个以上逻辑块串联或并联时，其指令表语句有两种编程方法，一种是分置法，即每增加一个逻辑块，随后就写一条 AND－LD 或 OR－LD 指令。另一种是后置法，即所有的逻辑块都写完后，再使用 AND－LD 或 OR－LD 指令。两种方法都可以得到相同的运算结果，不同的是使用分置法时逻辑块个数没有限制，而使用后置法时逻辑块个数不能超过 8 个。

AND－LD 指令的使用如图 5－8 所示。

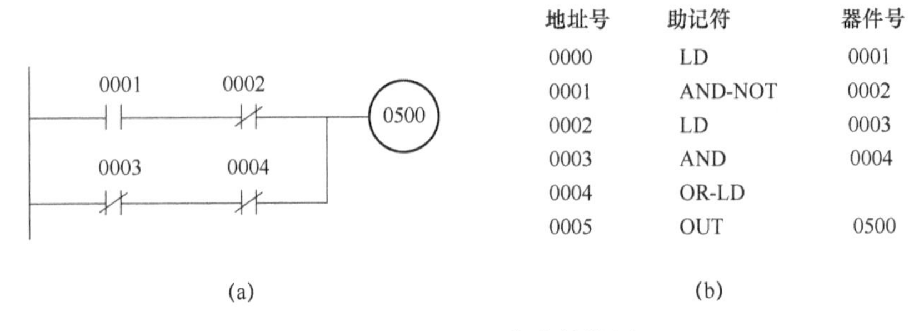

地址号	助记符	器件号
0000	LD	0001
0001	AND-NOT	0002
0002	LD	0003
0003	AND	0004
0004	OR-LD	
0005	OUT	0500

(a)　　　　(b)

图 5－7　OR－LD 指令的使用

（a）梯形图；（b）指令表

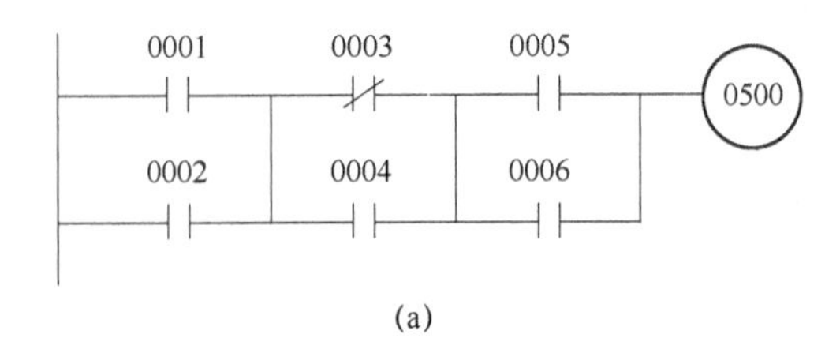

(a)

地址号	助记符	器件号
0000	LD	0001
0001	OR	0002
0002	LD-NOT	0003
0003	OR	0004
0004	AND-LD	
0005	LD	0005
0006	OR	0006
0007	AND-LD	
0008	OUT	0500

(b)

地址号	助记符	器件号
0000	LD	0001
0001	OR	0002
0002	LD-NOT	0003
0003	OR	0004
0004	LD	0005
0005	OR	0006
0006	AND-LD	
0007	AND-LD	
0008	OUT	0500

(c)

图 5－8　AND－LD 指令分置法和后置法的使用

（a）梯形图；（b）分置法；（c）后置法

7. 结束指令

（1）功能：描述程序的结束。

（2）格式：END（FUN01）。

（3）指令使用说明：

①END 指令总是作为程序的最后一条指令。若无该指令，程序则不被执行，

并显示错误信息“NOENDINST”。

②编程器的键盘制作得比较小，并不是所有指令都有专门的按键，很多指令都是用功能键FUN和数字键的组合来实现的。END指令就是用功能键（FUN）和数字键（0）、（1）共同实现的，表示为END（FUN01），可简写为END（01），以后类同。

END指令的使用如图5-9所示。

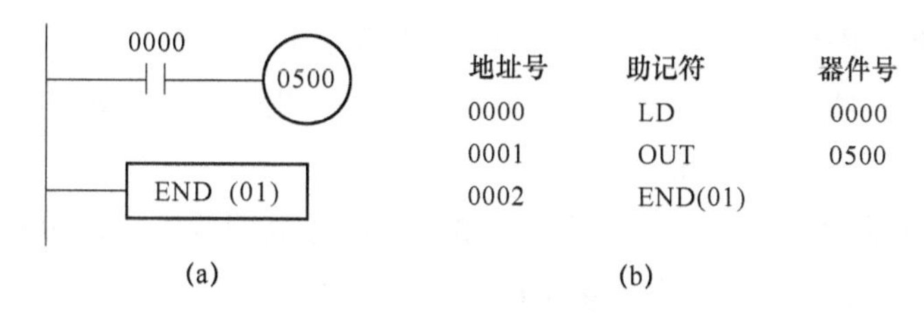

图5-9　END指令的使用
（a）梯形图；（b）指令表

8. 空操作指令

（1）功能：空操作指令。在程序中预先插入一些NOP指令，当修改程序时，可避免改变序号。

（2）格式：NOP。

（3）指令使用说明：NOP指令没有操作元件。

NOP指令的使用如图5-10所示。

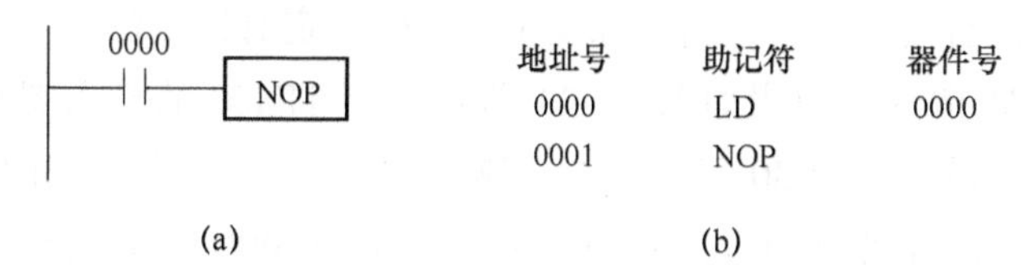

图5-10　NOP指令的使用
（a）梯形图；（b）指令表

5.2.2　功能指令

1. 定时器和计数器指令

PLC中的定时器相当于继电器控制系统中的时间继电器，分为普通定时器TIM和高速定时器TIMH两种。计数器指令分为普通计数器CNT和可逆计数器CNTR两种。定时器和计数器指令共同使用编号00~47，在同一段程序中TIM和CNT的编号不能重复。

1）普通定时器指令

（1）功能：用于实现通电延时操作。

（2）格式：TIM　　N

　　　　　　　　SV

N：定时器的编号，其数值范围为00～47。

SV：定时器的设定值，用4位十进制数表示，范围为#0000～#9999。

（3）指令使用说明：

①定时器指令按设定值进行延时操作，属于通电延时型定时器。该指令有编号和设定值两个操作数。在程序中占用一个地址，但需写作两行。

②普通定时器TIM的定时单位为0.1s，延时范围为0～999.9s，设定值为"秒数×10"。如5s的设定值为#0050。

高速定时器TIMH的定时单位为0.01s，延时范围为0～99.99s，设定值为"秒数×100"。如5s的设定值为#0500。

③定时器为减1定时，当输入端接通时，开始定时，其设定值按照定时单位不断减1，当设定值减为0时，即设定时间到，定时器的触点动作，其常开触点闭合，常闭触点断开。

④当定时器输入端接通时，开始定时。在定时过程中输入端要保持一直接通。否则，一旦输入端断开，定时器就复位（即停止定时），其当前值变为设定值。

⑤定时时间到，定时器状态为ON，其触点动作。此后，只要其输入端保持接通，定时器ON状态会一直保持。直到输入端断开，定时器才复位。

⑥定时器没有记忆功能，当电源发生故障时，定时器复位。

定时器TIM指令的使用如图5－11所示。当TIM00的输入端0000接通时，TIM开始定时，设定值由30每经0.1s就减1，当减到0时，设定的3s时间到，TIM00接通，其常开触点闭合，0500接通。一旦TIM00的输入端0000断开时，TIM00就复位，其常开触点断开，0500断开。若0000仅接通1s就断开，则定时器TIM00复位，当前值返回到设定值。

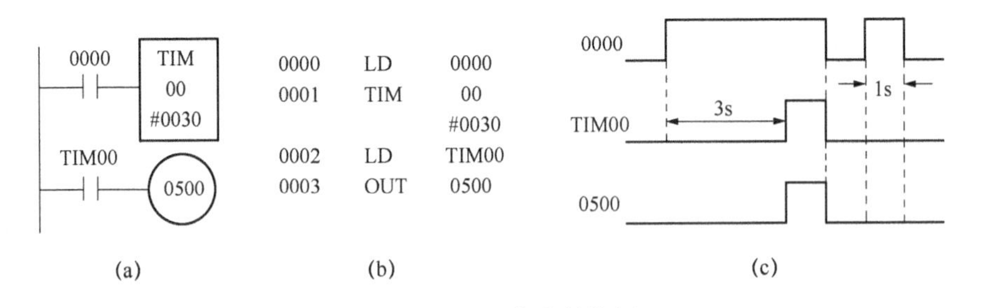

图5－11　TIM指令的使用

（a）梯形图；（b）指令表；（c）时序图

2）高速定时器指令

（1）功能：用于实现高速通电延时操作。

（2）格式：TIMH（15）　　N

　　　　　　　　　　　　　SV

N：定时器的编号，其数值范围为 00～47。

SV：定时器的设定值，用 4 位十进制数表示，范围为#0000～#9999。

（3）指令使用说明：

高速定时器 TIMH 的使用与普通定时器 TIM 一样，只是定时单位不同。TIMH 的定时单位为 0.01s，延时范围为 0～99.99s，设定值为“秒数×100”。如 5s 的设定值为#0500。

3）普通计数器指令

（1）功能：用于完成计数操作。

（2）格式：CNT　　N

　　　　　　　　　SV

N：计数器的编号，其数值范围为 00～47。

SV：计数器的设定值，用 4 位十进制数表示，范围为#0000～#9999。

（3）指令使用说明：

①计数器 CNT 有两个输入端：CP 为脉冲计数输入端，R 为复位输入端。

②计数器 CNT 是单向减法计数器。计数单位为 1，当计数输入端 CP 有上升沿时，计数器的设定值减 1（即每输入一个脉冲，CNT 计 1 个数）。当设定值减为 0 时，计数器接通，其触点动作，常开触点闭合，常闭触点断开。当复位输入端 R 接通时，计数器复位，其当前值返回设定值，触点恢复原态。

④当计数输入端和复位输入端信号同时到来时，复位信号优先。

⑤计数器接通后，再输入的计数脉冲无效。

⑥计数器接通后，只要没有复位信号，计数器保持接通，触点一直处于动作状态。

⑦计数器具有停电保护功能，当电源发生故障时，可保持计数器的当前值不复位。

CNT 指令的使用如图 5－12 所示。CNT00 的脉冲计数输入端 0000 每次上升沿到来时，设定值就减 1，当减到 0 时，CNT00 接通，其常开触点闭合，0500 接通。此后的 0000 脉冲无效，直到复位输入端 0001 接通，CNT00 复位，其常开触点断开，0500 断开。

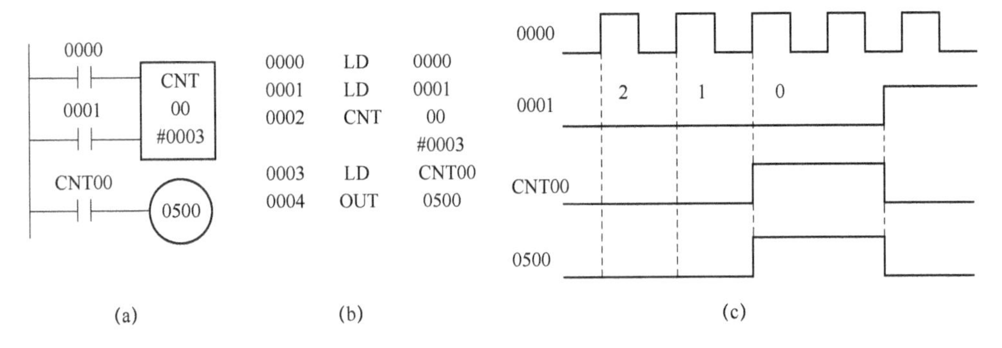

图 5－12 CNT 指令的使用

（a）梯形图；（b）指令表；（c）时序图

4）可逆计数器指令

（1）功能：用于完成计数操作，该指令作为一个可逆计数继电器来使用。

（2）格式：CNTR（12） N

SV

N：计数器的编号，其数值范围为 00～47。

SV：计数器的设定值，用 4 位十进制数表示，范围为#0000～#9999。

（3）指令使用说明：

①可逆计数器 CNTR 既可递增计数，又可递减计数。它有 3 个输入端：加 1 计数输入端 II、减 1 计数输入端 DI 和复位输入端 R。在加 1 计数输入端 II 上升沿，CNTR 的当前值加 1，在减 1 计数输入端 DI 上升沿，CNTR 的当前值减 1；无论何时只要复位输入端 R 接通，CNTR 复位，当前值变为 0。

②在初始状态时，CNTR 当前值为 0，II 端每有一个脉冲，当前值就加 1，当计数累加到设定值 SV 时，II 端再输入一个脉冲，当前值变为 0，CNTR 接通，其触点动作。若此后 II 端再输入一个脉冲，则当前值再次开始递增，变为 1，此时 CNTR 状态由 ON 变为 OFF。

③减 1 计数时，在 CNTR 的当前值为 0 时，DI 端再输入一个脉冲，当前值由 0 变为设定值 SV，CNTR 为 ON，其触点动作。若此后 DI 端再输入一个脉冲，当前值再次开始递减，CNTR 状态由 ON 变为 OFF。

CNTR 指令的使用如图 5－13 所示。当 CNTR00 的加 1 计数输入端 0000 第一个上升沿到来时，当前值由初始的 0 值加 1 变为 1，当加到设定值 3 时，0000 下一个上升沿到来时，当前值由 3 变为 0。此时，CNTR00 接通，其常开触点闭合，0500 接通。当 0000 上升沿再次到来时，当前值又开始递增为 1，CNTR00 复位，其常开触点断开，0500 断开。

当 CNTR00 的减 1 计数输入端 0001 上升沿到来时，当前值由 2 开始递减，当减到 0 后，0001 下一个上升沿再次到来时，当前值又由 0 变为设定值 3。此时，CNTR00接通，其常开触点闭合，0500接通。当0001下一个上升沿再次到来时，当前值又开始递减，此时，CNTR00复位，其常开触点断开，0500断开。

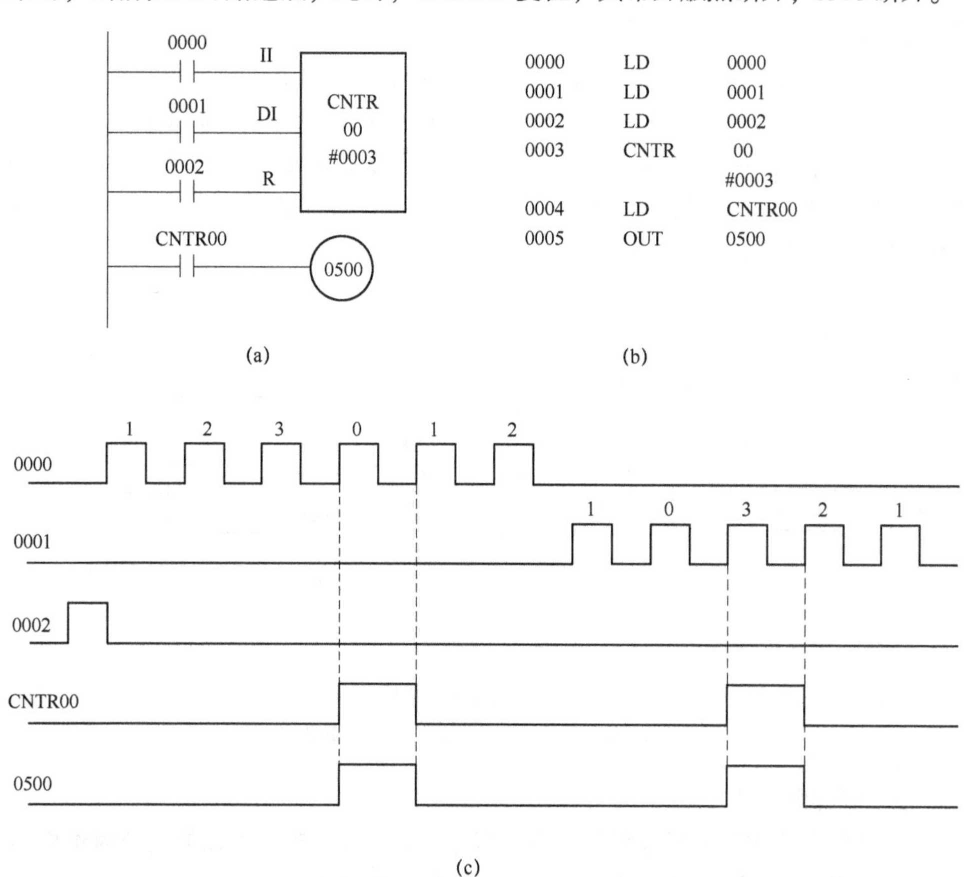

图5-13　CNTR指令的使用

(a) 梯形图；(b) 指令表；(c) 时序图

2. 程序控制指令

1）分支指令（主控指令）

分支电路是指某电路后需要经过几个不同的触点分别输出的电路。

(1) 功能：用来处理有分支的程序。

(2) 格式：IL（02）　　产生分支指令，具有建立新母线的功能。

ILC（03）　　分支结束指令。

(3) 指令使用说明：

①当IL前的条件为ON时，执行从IL到ILC之间的程序；当IL前的条件为OFF时，不执行从IL到ILC之间的程序，此时二者之间的各内部器件的状态如下：输出继电器、内部辅助继电器线圈为OFF；定时器复位；计数器、保持继电器、KEEP指令和移位寄存器的状态均保持。

②只使用一对分支指令时为IL/ILC，还可以多个IL指令配一个ILC指令，如IL－IL－ILC。但由于ILC指令只能与电源母线相连，所以不允许嵌套使用，如IL－IL－ILC－ILC。

③连接在分支母线（IL）上的触点需要以取指令开始编程。

分支指令的使用如图5－14所示。程序中，当IL前的条件即0000为ON时，顺序执行程序，0500状态由0001控制，0501状态由0002控制。当IL前的条件0000为OFF时，不执行从IL到ILC之间的程序，此时该程序段内输出继电器0500和0501复位。

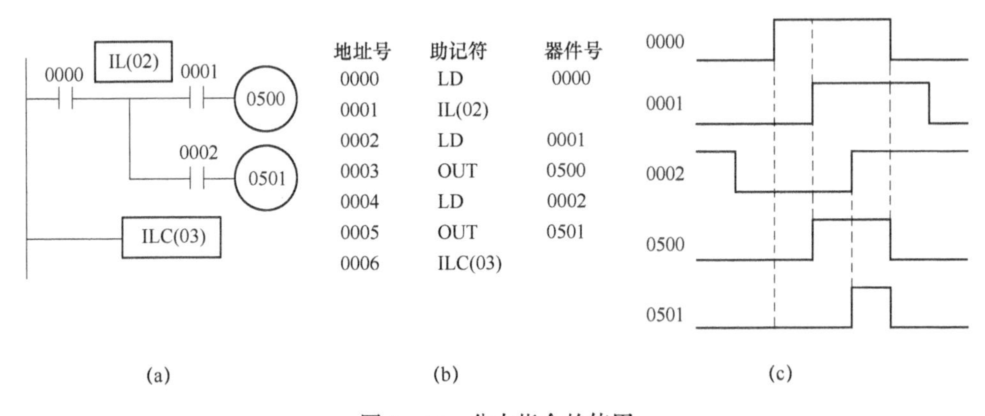

地址号	助记符	器件号
0000	LD	0000
0001	IL(02)	
0002	LD	0001
0003	OUT	0500
0004	LD	0002
0005	OUT	0501
0006	ILC(03)	

(a)　　(b)　　(c)

图5－14　分支指令的使用

（a）梯形图；（b）指令表；（c）时序图

2）暂存继电器

主控指令若使用不当很容易出错，当电路分支较多时，可以使用暂时继电器来进行处理。P型机为用户提供了8个暂存继电器TR0～TR7。

（1）功能：用来处理有分支的电路，暂时存放某逻辑行分支点处的逻辑运算结果，再通过其触点，向其后各支路输出。

（2）格式：OUT　TR0　在分支点处将运算结果暂存在TR0中；

LD　TR0　在执行其后的分支时，再将TR0中的结果取出参与运算。

（3）指令使用说明：

①暂时继电器TR不是独立的编程指令，它必须与LD、OUT等基本逻辑指令配合使用。

②当梯形图不能用主控指令来编程时，在由多个触点组成的输出分支电路中，在每个分支点处都要用暂时继电器。

③在不同的梯级间，同一个暂存继电器可重复使用。但在同一级程序中不能重复使用。

④PLC运行期间不能用编程器检查其状态。

暂存继电器的使用如图5－15所示。

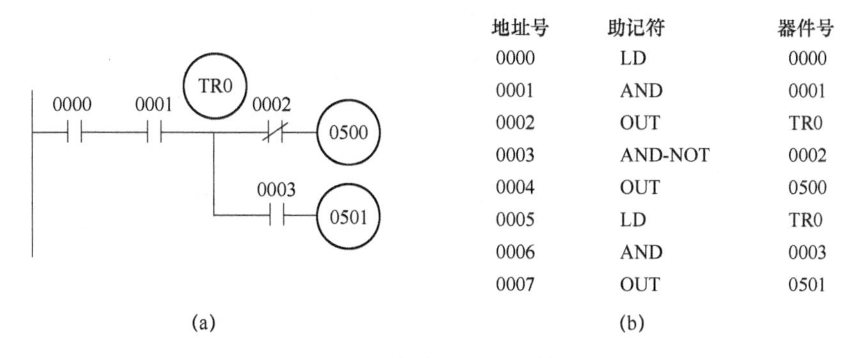

地址号	助记符	器件号
0000	LD	0000
0001	AND	0001
0002	OUT	TR0
0003	AND-NOT	0002
0004	OUT	0500
0005	LD	TR0
0006	AND	0003
0007	OUT	0501

(b)

图5－15　暂存继电器的使用

(a) 梯形图；(b) 指令表

3）跳转指令

(1) 功能：用于实现程序的跳转。

(2) 格式：JMP (04)　　跳转开始指令；

JME (05)　　跳转结束指令。

(3) 指令使用说明：

①当JMP前的条件为ON时，顺序执行，就像没有JMP/JME一样；当JMP前的条件为OFF时，跳过JMP到JME之间的程序，转去执行JME以下的程序。此时该程序段内各继电器均保持原状态。

②JMP和JME是一对程序控制指令，必须成对使用。否则在程序检查时，会显示错误信息。

③连接在JMP指令后的触点需以取指令开始编程。

④JMP和JME之间不能使用高速计数指令。

跳转指令的使用如图5－16所示。

跳转指令和分支指令的比较：当进行JMP/JME跳转时，被跳过的程序段中输出继电器、定时器等状态可以保持；而进行IL/ILC跳转时，被跳过的程序段中输出继电器、定时器状态不能保持。所以JMP/JME指令适用于控制需要输出保持的设备，如电动和液压设备。而IL/ILC适用于控制不需要输出保持的设备。

跳转指令和分支指令的比较如图5－17所示。图5－17 (a) 程序中，当JMP前的执行条件0000为OFF时，发生跳转，被跳过的程序段中输出继电器0500状态可以保持，而图5－17 (b) 分支指令程序中，当执行条件0000为OFF时，发生跳转，被跳过的程序段中输出继电器0500复位。

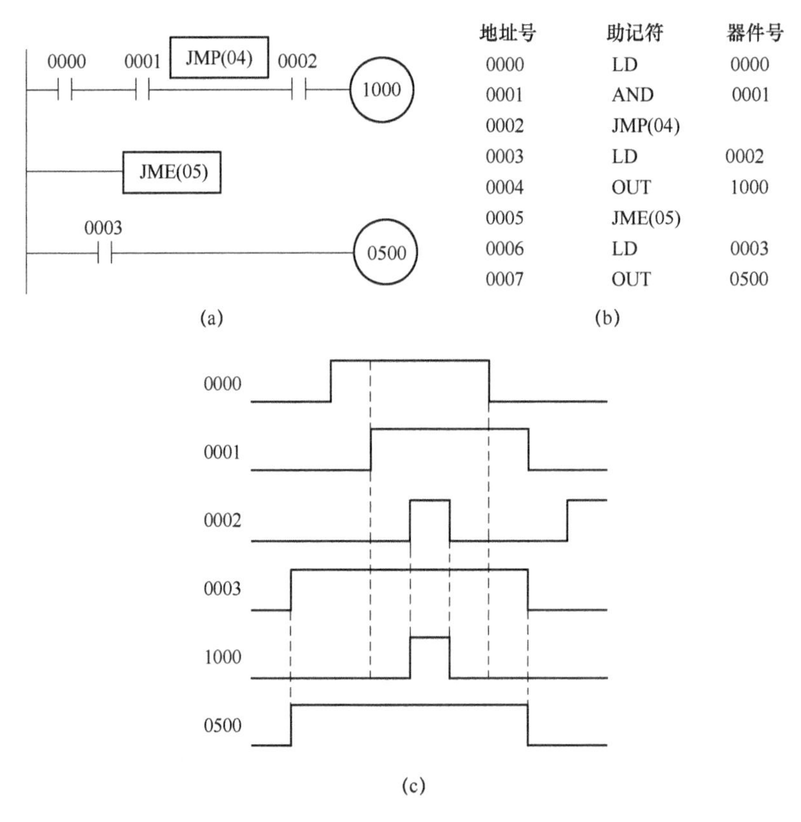

地址号	助记符	器件号
0000	LD	0000
0001	AND	0001
0002	JMP(04)	
0003	LD	0002
0004	OUT	1000
0005	JME(05)	
0006	LD	0003
0007	OUT	0500

图 5－16 跳转指令的使用

（a）梯形图；（b）指令表；（c）时序图

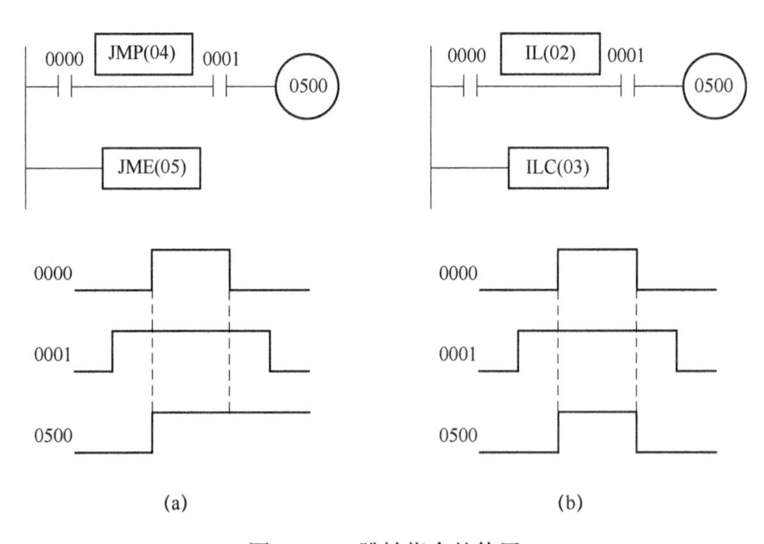

图 5－17 跳转指令的使用

（a）跳转指令；（b）分支指令

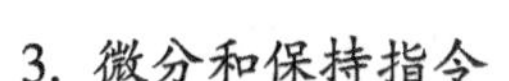

3. 微分和保持指令

1）微分指令

（1）功能：用于在满足条件时，使指定的继电器接通一个扫描周期（使程序只执行一次）。

（2）格式：

DIFU（13）　B　上升沿微分指令：当指令的输入端信号由 OFF 变为 ON（即上升沿）时，指定的继电器 B 接通一个扫描周期。

DIFD（14）　B　下降沿微分指令：当指令的输入端信号由 ON 变为 OFF（即下降沿）时，指定的继电器 B 接通一个扫描周期。

（3）指令使用说明：微分指令的操作元件 B 可以是输出继电器、内部辅助继电器和保持继电器。

微分指令的使用如图 5－18 所示。

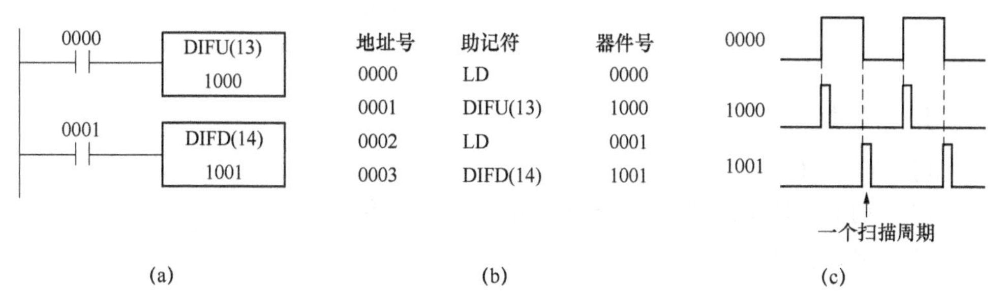

地址号	助记符	器件号
0000	LD	0000
0001	DIFU(13)	1000
0002	LD	0001
0003	DIFD(14)	1001

图 5－18　微分指令的使用

（a）梯形图；（b）指令表；（c）时序图

2）保持指令（锁存继电器指令）

（1）功能：锁存继电器指令是保持指令，相当于一个锁存继电器，即具有继电器自锁功能，它可以将短脉冲信号变为长信号。

（2）格式：KEEP（11）B。

（3）指令使用说明：

①KEEP 指令有两个输入端：置位输入端 S 和复位输入端 R。当置位信号 S 接通（ON）时，指定的继电器接通（ON）并保持。即使置位信号 S 断开，指定的继电器仍然保持接通状态，直到复位信号 R 到来，才使之复位（OFF）。

②置位输入端 S 和复位输入端 R 需用取指令来描述。

③KEEP 指令的操作元件 B 可以是输出继电器、内部辅助继电器和保持继电器。

④当置位信号 S 和复位信号 R 同时到来时，复位信号 R 优先。

KEEP 指令的使用如图 5－19 所示。图 5－19（a）梯形图的控制功能也可用基本逻辑指令来实现，如图 5－19（c）自锁电路。分析图 5－19（a）和图5－19

(c) 的时序图可知，两者实现的控制功能一致，如图 5－19 (d) 所示。

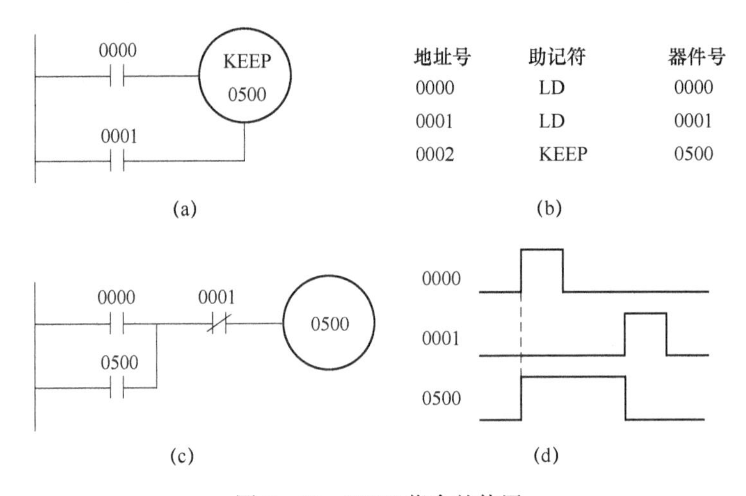

地址号	助记符	器件号
0000	LD	0000
0001	LD	0001
0002	KEEP	0500

图 5－19　KEEP 指令的使用

(a) 梯形图；(b) 指令表；(c) 自锁电路；(d) 时序图

4. 移位指令

1) 寄存器移位指令

(1) 功能：把指定的连续通道中的内容串行移位。

(2) 格式：SFT (10)　　ST

E

ST 为首通道号；

E 为末通道号。

(3) 指令使用说明：

①SFT 指令有 3 个输入端，数据输入端 IN、脉冲输入端 CP 和复位输入端 R。

②SFT 指令将输入端 IN 的数据在一个连续的区域中（从首通道到末通道）逐位移位。在 R＝0 条件下，当 CP 上升沿到来时，该指令同时完成以下 3 件事：

a. 将 IN 端信号送入首通道的最低位；

b. 将首通道到末通道这一连续区域内的内容逐位向高位移动一次；

c. 末通道的最高位溢出。

当复位信号 R 到来时，参与移位的所有继电器全部复位。

③首末通道必须是同类型的继电器，且首通道号不得大于末通道号。

④首末通道可以是输出继电器、内部辅助继电器和保持继电器。

⑤当脉冲信号 CP 和复位信号 R 同时到来时，复位信号优先。

SFT 指令的使用如图 5－20 所示。在脉冲输入端 0001 每个上升沿到来时，SFT 指令都将数据输入端 0000 此刻的状态送入 10 通道的最低位 1000，同时，该通道所有位都向高位移位一次，最高位 1015 溢出。当复位信号 0002 接通时，参与移位的所有继电器都复位。随着移位的进行，1001的状态也发生变化，输出0500受1001控制，因此状态和1001一致。

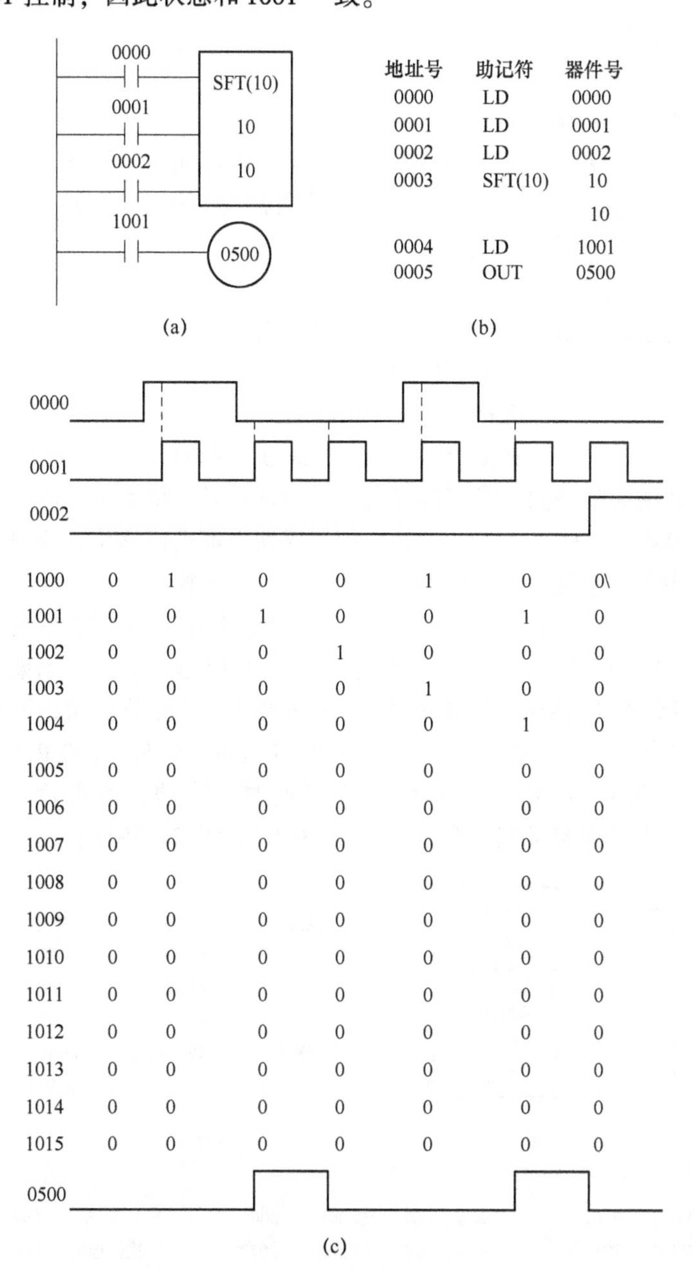

图5-20　SFT指令的使用

(a) 梯形图；(b) 指令表；(c) 时序图

2）字移位指令

（1）功能：实现以通道为单位的移位。

（2）格式：WSFT（16）　　ST

　　　　　　　　　　　　E

ST 为首通道号；

E 为末通道号。

（3）指令使用说明：

①当输入端接通时，在每个扫描周期，该指令都同时做如下 3 件事：

a. 以通道为单位，将首通道到末通道的内容依次向高位移动一个通道；

b. 将首通道的内容全部清零；

c. 末通道的内容全部溢出。

②首末通道可以是：输出继电器 05 ~ 09CH；

内部辅助继电器 10 ~ 17CH；

保持继电器 HR0 ~ HR9；

数据存储继电器 DM00 ~ DM31。

③首末通道必须是同一类型的通道，且首通道号不得大于末通道号。

④因为该指令在输入端接通的每个扫描周期内都进行移位，所以该指令一般都配合微分指令一起使用，以使移位的次数可以得到控制。

WSFT 指令的使用如图 5 - 21 所示。初始状态 DM00 ~ DM03 中的内容分别为 F042、7918、9B03、7114。当 0000 接通时，1000 接通一个扫描周期，在该周期内，WSFT 指令使从 DM00 到 DM03 的内容依次向高位移位一次，同时，首通道 DM00 内容被清零，末通道 DM03 内容溢出，DM00 ~ DM03 中的内容依次变为：0000、F042、7918、9B03。当 0000 再次接通时，同理，再进行下一次移位，DM00 ~ DM03 中的内容又依次变为：0000、0000、F042、7918。

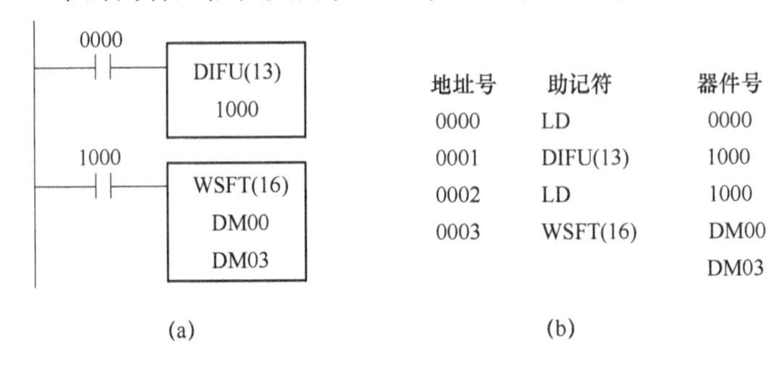

地址号	助记符	器件号
0000	LD	0000
0001	DIFU(13)	1000
0002	LD	1000
0003	WSFT(16)	DM00
		DM03

(a)　　　　(b)

原状态：			当 0000 第一次接通时：			当 0000 第二次接通时：	
DM00	F042		DM00	0000		DM00	0000
DM01	7918		DM01	F042		DM01	0000
DM02	9B03		DM02	7918		DM02	F042
DM03	7114		DM03	9B03		DM03	7918

(c)

图 5 - 21　WSFT 指令的使用

(a) 梯形图；(b) 指令表；(c) DM 通道移位情况

由此可以看出，如果程序中没有微分指令，当 WSFT 指令输入端接通时，通道中的内容便会连续移位，经过 4 个扫描周期，DM00 ~ DM03 中的内容就都会变为 0000，将使移位失去意义。

5. 数据处理指令

1）传送指令

（1）功能：为通道赋值。

（2）格式：传送　　MOV（21）　S　源通道号；
　　　　　　　　　　　　　　　D　目的通道号。
　　　　　求反传送　MVN（22）　S　源通道号；
　　　　　　　　　　　　　　　D　目的通道号。

（3）指令使用说明：

①MOV 指令将一个通道中的内容或一个 4 位十六进制常数 S 传送到另一个通道 D 中。MVN 指令将一个通道中的内容或一个四位十六进制常数 S 取反后，再传送到另一个通道 D 中。

②若传送后 D 中的内容为 0，则专用内部辅助继电器 1906 为 ON。

③源通道 S 可以是输入继电器、输出继电器、内部辅助继电器 10 ~ 17CH、保持继电器、TIM/CNT、数据存储继电器、常数#0000 ~ #FFFF。目的通道 D 可以是输出继电器、内部辅助继电器 10 ~ 17CH、保持继电器、数据存储继电器 DM00 ~ DM31。

MOV 指令的使用如图 5 - 22 所示。当 0000 接通时，在其上升沿 DIFU 指令使 1000 接通一个扫描周期，其常开触点闭合，执行一次 MOV 和 MVN 指令。MOV 指令将十六进制常数#0223 送入 11CH，MVN 指令将十六进制常数#0223 取反后再送入 05CH。执行后 05CH 中的内容为#FDDC。

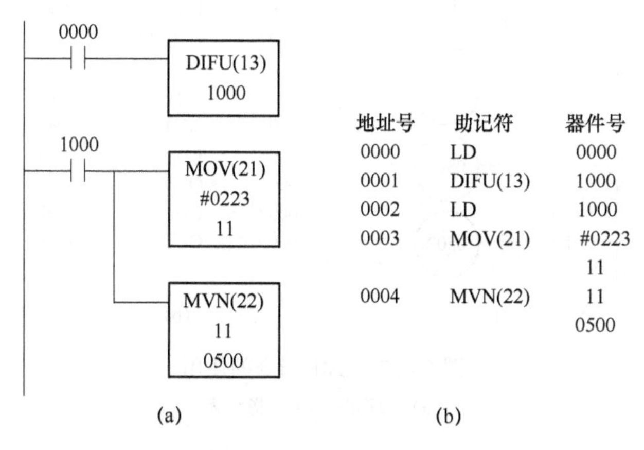

地址号	助记符	器件号
0000	LD	0000
0001	DIFU(13)	1000
0002	LD	1000
0003	MOV(21)	#0223
		11
0004	MVN(22)	11
		0500

图 5 - 22　MOV 指令的使用
（a）梯形图；（b）指令表

由于 MOV/MVN 指令在输入端接通的每个扫描周期都被执行，因此若希望传送的次数得到控制，需要使用微分指令 DIFU/DIFD。

2）比较指令

（1）功能：实现两个操作数的比较。

（2）格式：CMP（20）　　CP1　　操作数 1；

　　　　　　　　　　　　CP2　　操作数 2。

（3）指令使用说明：

①CMP 指令是将指定通道的内容或 4 位十六进制常数 CP1 与另一个通道的内容或 4 位十六进制常数 CP2 进行比较。

当 CP1 > CP2 时，专用内部辅助继电器 1905 接通；

当 CP1 = CP2 时，专用内部辅助继电器 1906 接通；

当 CP1 < CP2 时，专用内部辅助继电器 1907 接通。

②CP1、CP2 不同时为常数。

③CP1、CP2 可以是输入继电器、输出继电器、内部辅助继电器（10 ~ 17CH）、定时器、计数器及常数#0000 ~ #9999。

CMP 指令的使用如图 5 - 23 所示。当 0000 接通时，CMP 指令将 10CH 和 11CH 的内容（均为 4 位十六进制数）进行比较，当 10CH 内容大于 11CH 内容时，1905 接通，使 0500 接通；当两者相等时，1906 接通，使 0501 接通；当 10CH 内容小于 11CH 内容时，1907 接通，使 0502 接通。

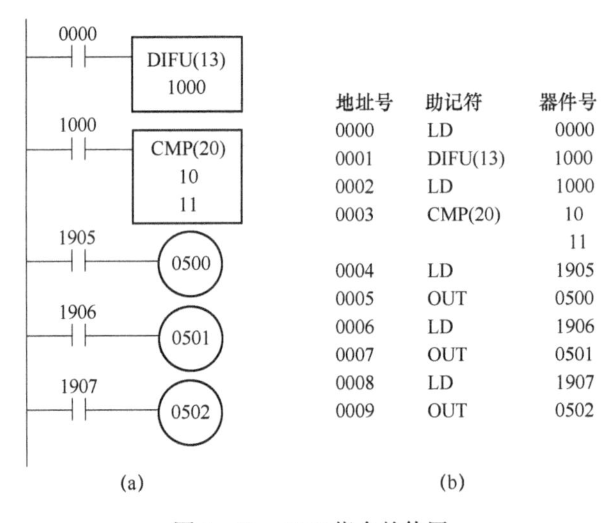

地址号	助记符	器件号
0000	LD	0000
0001	DIFU(13)	1000
0002	LD	1000
0003	CMP(20)	10
		11
0004	LD	1905
0005	OUT	0500
0006	LD	1906
0007	OUT	0501
0008	LD	1907
0009	OUT	0502

图 5 - 23　CMP 指令的使用

（a）梯形图；（b）指令表

3）数制转换指令

（1）功能：实现通道中的十进制和二进制的相互转换。

（2）格式：十进制→二进制　　BIN（23）　　S　　源通道号；
　　　　　　　　　　　　　　　　　　　　　R　　结果通道号。
　　　　　二进制→十进制　　BCD（24）　　S　　源通道号；
　　　　　　　　　　　　　　　　　　　　　R　　结果通道号。

（3）指令使用说明：

①BIN 指令是将源通道 S 中的 4 位十进制数（BCD 码）转换成 16 位二进制数（以 4 位十六进制数表示），再存入结果通道 R 中。

BCD 指令是将源通道 S 中的 16 位二进制数（以 4 位十六进制数表示）转换成 4 位十进制数（BCD 码），再存入结果通道 R 中。

②源通道 S 可以是输入继电器、输出继电器、内部辅助继电器 10 ~ 17CH、保持继电器、TIM/CNT、数据存储继电器 DM00 ~ DM63。结果通道 R 可以是输出继电器、内部辅助继电器 10 ~ 17CH、保持继电器、数据存储继电器 DM00 ~ DM31。

BIN/BCD 指令的使用如图 5 – 24 所示。当 0000 接通时，BIN 指令将 10 通道中的 4 位十进制数（BCD 码形式）转换成 16 位二进制数，并存入 HR0 通道中；BCD 指令将 HR0 通道中的 16 位二进制数转换成 4 位十进制数（BCD 码形式），并存入 11 通道中。假设 10 通道中的内容为十进制数 1103，则 HR0 中的内容为十六进制数 044F，11 通道中的内容为十进制数 1103。

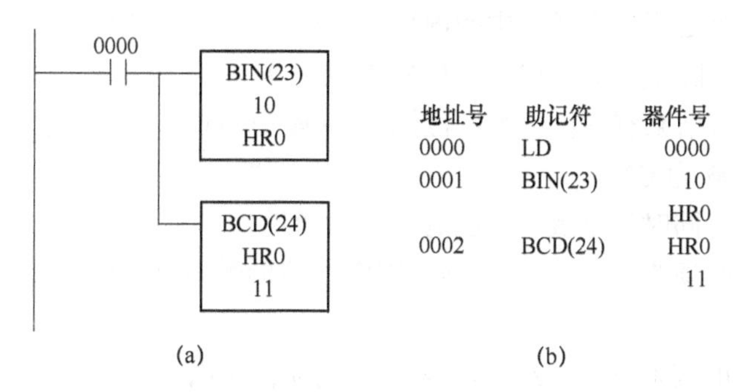

地址号	助记符	器件号
0000	LD	0000
0001	BIN(23)	10
		HR0
0002	BCD(24)	HR0
		11

图 5 – 24　BIN/BCD 指令的使用

（a）梯形图；（b）指令表

6. 运算指令

1）进位标志位的置位/复位指令

（1）功能：用来为进位标志位 1904 赋值。

（2）格式：置位指令　　STC（40）；
　　　　　复位指令　　CLC（41）。

（3）指令使用说明：

①STC 指令是用于设置进位标志位，强制专用内部辅助继电器 1904 为 ON；CLC 指令用于清除进位，强制专用内部辅助继电器 1904 为 OFF。

②STC/CLC 指令后没有操作元件。

③STC/CLC 指令不单独使用，一般都是用在加法、减法指令之前。

STC/CLC 指令的使用如图 5－25 所示。当 0000 接通时，STC 指令将 1904 置为 ON；当 0001 接通时，CLC 指令将 1904 置为 OFF。

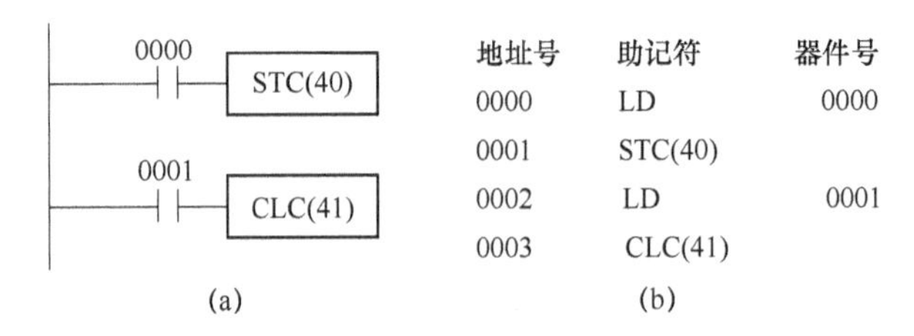

图 5－25 STC/CLC 指令的使用

（a）梯形图；（b）指令表

2）加法指令

（1）功能：实现两个 4 位十进制数（BCD 码）的加法运算。

（2）格式：ADD（30） S1 被加数通道号；

S2 加数通道号；

R 结果通道号。

（3）指令使用说明：

①ADD 指令是将一个通道中的内容或 4 位十进制常数 *S*1 与另一个通道中的内容或 4 位十进制常数 *S*2，以及进位标志位 1904 的内容相加，并将结果送入结果通道 R 中。若结果有进位，则进位标志 1904 为 ON；若结果为 0，则专用内部辅助继电器 1906 为 ON。

②*S*1、*S*2 不同时为常数，至少有一个是通道。

③*S*1、*S*2 必须为 BCD 码，否则专用内部辅助继电器 1903 为 ON，ADD 指令不能执行。

④因为 ADD 是将 *S*1、*S*2 及 1904 三者相加，所以在 ADD 指令前，一般要用 CLC 指令将进位标志 1904 清零，以免影响运算结果。

⑤*S*1、*S*2 可以是输入继电器、输出继电器、内部辅助继电器 10～17CH、保持继电器、TIM/CNT、数据存储继电器 DM00～DM63、常数#0000～9999。结果通道 R 可以是输出继电器、内部辅助继电器 10～17CH、保持继电器、数据存储继电器 DM00～DM31。

ADD 指令的使用如图 5－26 所示。当 0000 接通时，首先用 CLC 指令清进位，使 1904 为 OFF，然后执行 ADD 指令，将 10 通道中的十进制数与十进制常数 309 相加，结果送入 DM00 通道中。

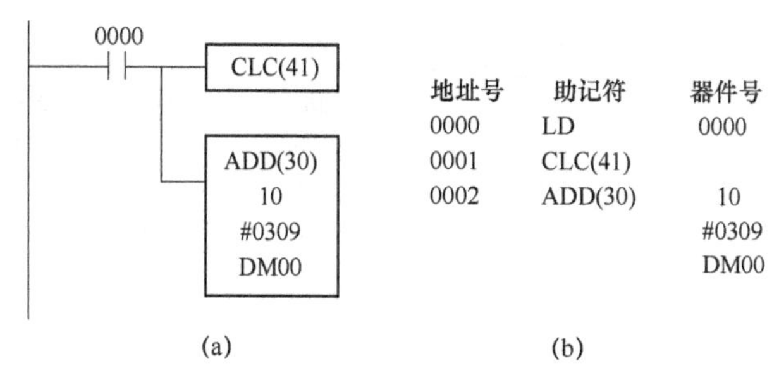

图 5－26　ADD 指令的使用

（a）梯形图；（b）指令表

3）减法指令

（1）功能：实现两个四位十进制数（BCD 码）的减法运算。

（2）格式：SUB（31）　S1　被减数通道号；

S2　减数通道号；

R　结果通道号。

（3）指令使用说明：

①SUB 指令是用一个通道中的内容或 4 位十进制常数 *S*1 减去另一个通道中的内容或 4 位十进制常数 *S*2，再减去进位标志位 1904 的内容，并将结果送入结果通道 R 中。若结果为负，则 1904 为 ON；若结果为 0，则专用内部辅助继电器 1906 为 ON。

②*S*1、*S*2 不同时为常数，至少有一个是通道。

③*S*1、*S*2 必须为 BCD 码，否则专用内部辅助继电器 1903 为 ON，ADD 指令不能执行。

④因为 SUB 是用 *S*1 减去 *S*2 再减去 1904 的内容，所以在 SUB 指令前，一般要用 CLC 指令将借位标志 1904 清零，以免影响运算结果。

⑤*S*1、*S*2 可以是输入继电器、输出继电器、内部辅助继电器 10～17CH、保持继电器、TIM/CNT、数据存储继电器 DM00～DM63、常数#0000～9999。结果通道 R 可以是输出继电器、内部辅助继电器 10～17CH、保持继电器、数据存储继电器 DM00～DM31。

SUB 指令的使用如图 5－27 所示。当 0000 接通时，首先用 CLC 指令清进位，使 1904 为 OFF，然后执行 SUB 指令，将 10 通道中的十进制数与 HR0 中的十进制数相减，结果送入 11 通道中。

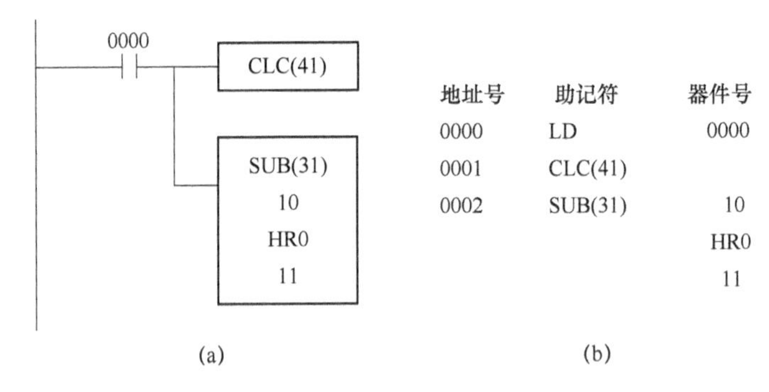

地址号	助记符	器件号
0000	LD	0000
0001	CLC(41)	
0002	SUB(31)	10
		HR0
		11

图 5－27　SUB 指令的使用

（a）梯形图；（b）指令表

5.3　程序设计指导

5.3.1　编程的基本原则

尽管梯形图与继电—接触器控制电路在结构形式、元件符号及逻辑功能上相类似，但又有许多不同，梯形图具有自己的编程规则。

（1）每个梯级都起始于左母线，终止于线圈（即在线圈后不可以连接触点），如图 5－28 所示。

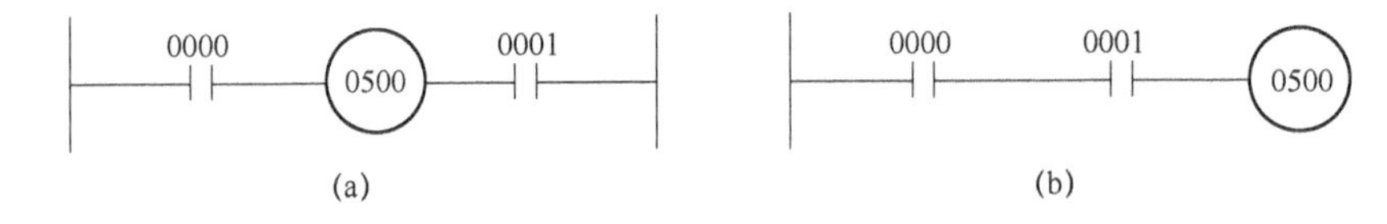

图 5－28　编程原则

（a）错误用法；（b）正确用法

（2）梯形图中每个继电器的线圈只有一个（即在每个程序中继电器的线圈只可以使用一次），而其常开、常闭触点则有无数个（即可以被无限次使用）。

（3）梯形图中的触点可以按照控制要求任意串联或并联，但继电器的线圈只能并联而不能串联，如图 5－29 所示。

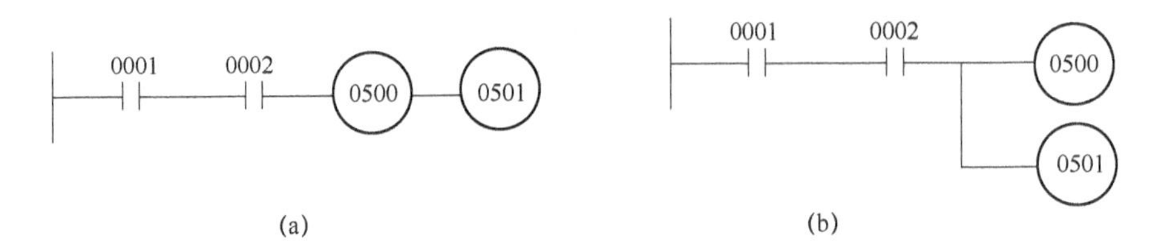

图 5－29　编程原则

（a）错误用法；（b）正确用法

（4）线圈不能直接与电源左母线相连，必须经过触点才可连接。当不需要任何触点进行控制时，可以用内部辅助继电器 1813（常 ON 继电器）来与左母线相连接，如图 5－30 所示。

图 5－30　编程原则

（a）错误用法；（b）正确用法

（5）触点应画在水平线上，不能画在垂直线上。若触点被画在垂直线上，则会很难正确识别它与其他触点的逻辑关系。

（6）梯形图中只能出现输入继电器的触点，而不能出现输入继电器的线圈。因为输入继电器线圈只能由外部输入信号来驱动，不能被程序指令所驱动。

（7）每个完整的程序最后都要安排 END 指令，否则程序将不被执行，并显示错误信息“NO END INST”。

5.3.2　编程的技巧

（1）触点组与单个触点并联时，尽量将单个触点放在下面，如图 5－31 所示。

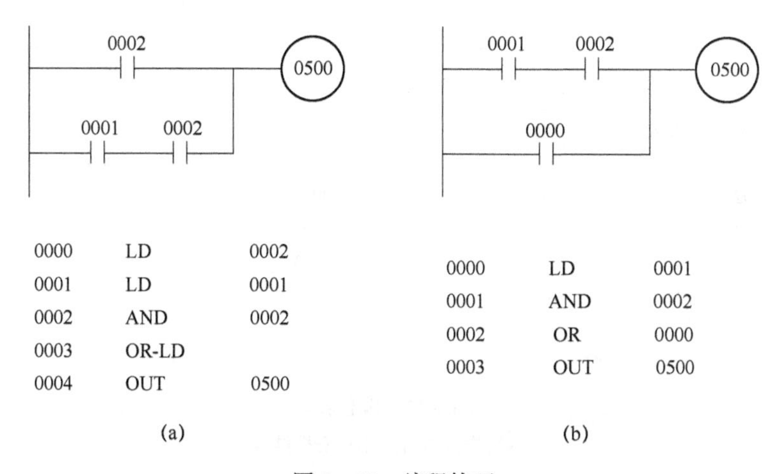

图 5－31　编程技巧

（a）安排不当；（b）安排得当

（2）并联触点组与几个触点串联时，尽量将并联触点组放在最左边，如图 5－32所示。

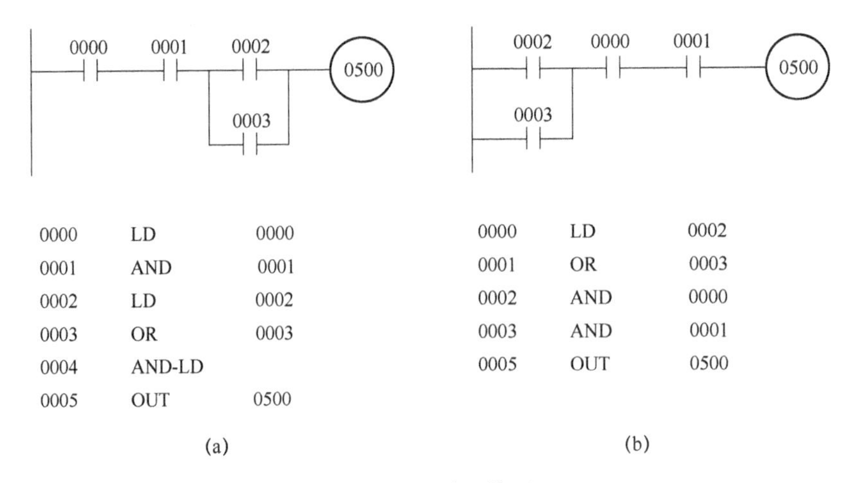

图 5－32 编程技巧

（a）安排不当；（b）安排得当

（3）并联线圈电路，从分支点到线圈之间无触点的支路应放在上方，如图 5－33 所示。

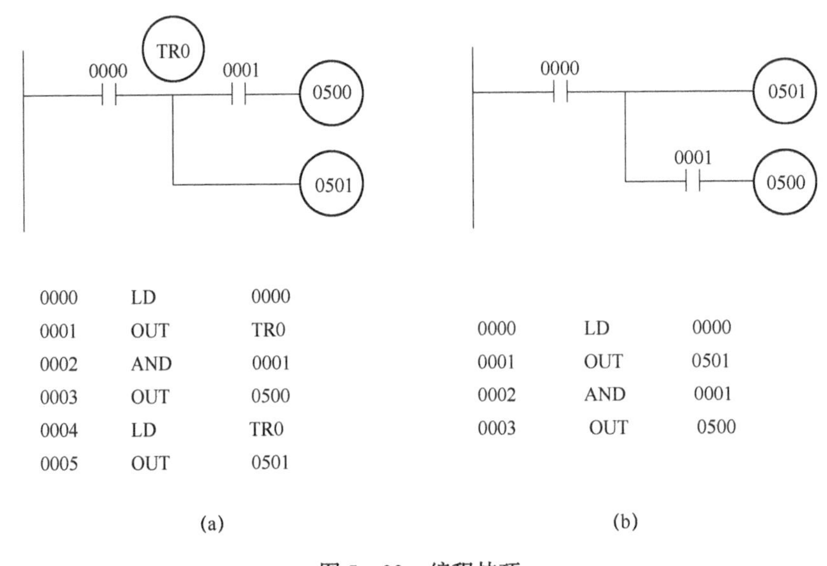

图 5－33 编程技巧

（a）安排不当；（b）安排得当

（4）桥式电路的处理。如图 5－34（a）所示是一个桥式电路，不能直接对它编程，需要进行拆桥处理，转换出等效电路（如图 5－34 所示）才可以编程。

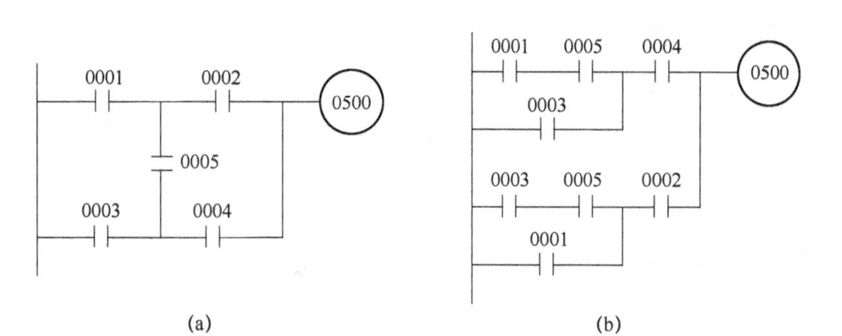

图 5－34　桥式电路的处理

（a）桥式电路；（b）等效电路

（5）复杂电路的处理。当电路结构比较复杂时，可以重复使用一些触点画出它的等效电路，然后再对它进行编程，如图 5－35 所示。

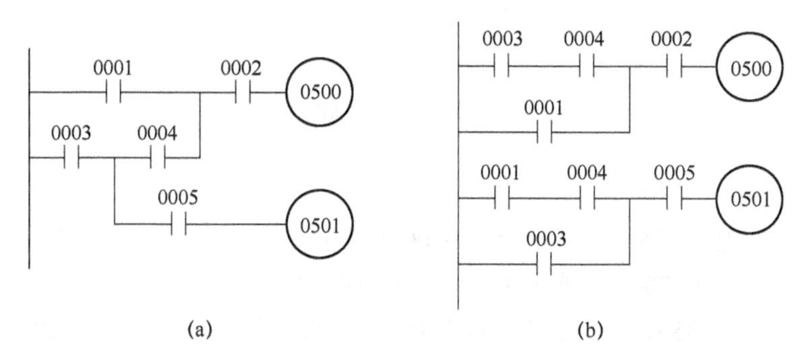

图 5－35　复杂电路的等效处理

（a）复杂电路；（b）等效电路

5.4　常用基本电路

1. 自锁电路

自锁电路如图 5－36 所示。当 0000 接通时，其常开触点闭合，0500 接通。且其常开触点闭合，即使 0000 失电，导致其常开触点断开，仍能保证 0500 始终接通。直到 0001 接通，其常闭触点断开，0500 才断开。

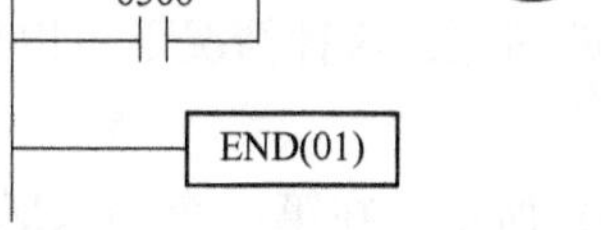

0000　0001　0500　0500　END(01)

图 5－36　自锁电路

2. 互锁控制电路

在一些机械设备的控制中，经常见到存在某种互为制约的关系，在PLC控制电路中一般用反映某一运动的信号去控制另一运动相应的电路，达到互锁控制的要求。

互锁控制电路如图5－37所示。为了使0500和0501不能同时得电，分别用0500和0501的常闭触点串接于对方的控制电路中，实现互锁功能。

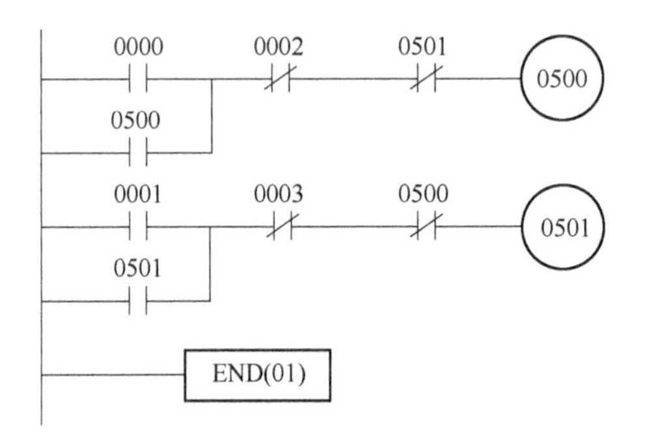

图5－37　互锁控制电路

3. 顺序控制电路

顺序控制电路如图5－38所示。0500的常开触点串接于0501的控制电路中，0501的得电是以0500的接通为条件。只有0500接通后才允许0501接通。

0500断开后0501也被断开，且在0500接通的条件下，0501可以自行启动和停止。

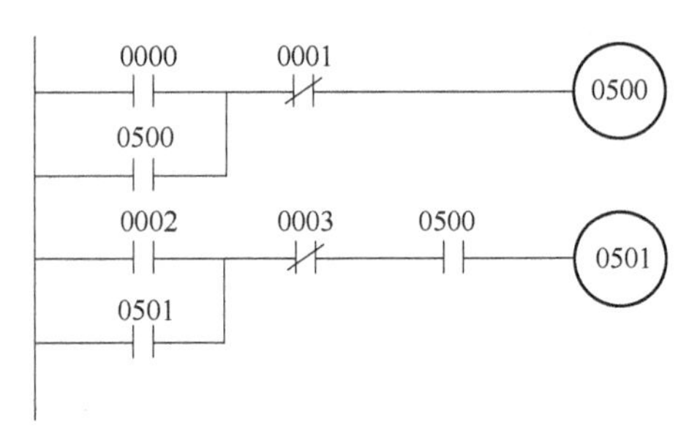

图5－38　顺序控制电路

4. 单按钮的启动/停止控制电路（二分频电路）

通常一个设备的启动和停止是受两个控制按钮控制的。但是当被控设备较多时，会出现PLC输入点不足的问题，这种情况下可以用单按钮实现启动和停止控制。

方法一：如图5－39（a）所示。在第一个输入脉冲信号0000到来时，1000接通一个扫描周期。因为第三行还未执行，CPU执行第二行时，常开触点0500

仍断开，1100为OFF，其常闭触点闭合。执行第三行时，输出继电器被接通并保持。当第二个输入脉冲0000到来，执行第二行时，常开触点0500已接通，1100为ON。执行第三行时，虽有触发脉冲1000，因常闭触点1100已断开，输出继电器0500变为OFF。其时序如图5－39（b）所示。

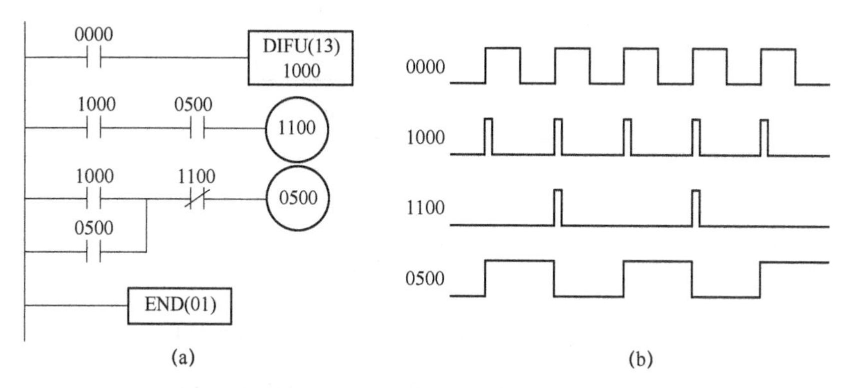

图5－39　单按钮的启动/停止控制电路（方法一）

（a）梯形图；（b）时序图

方法二：如图5－40所示。0000第一次接通，0500立即接通，0000第二次接通，0500断开，1000只在一个扫描周期内接通，即脉冲输出。

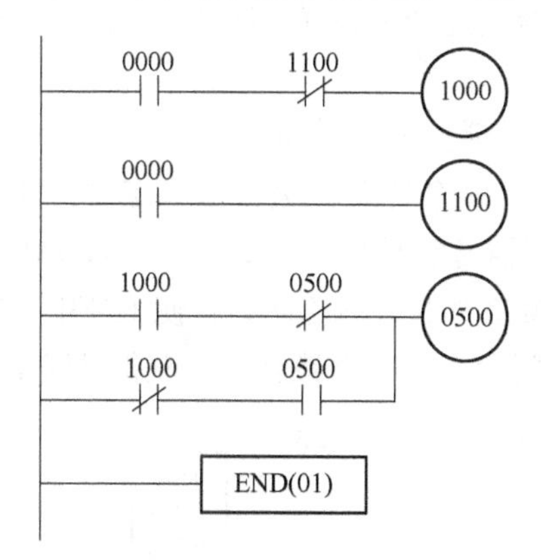

图5－40　单按钮的启动/停止控制电路（方法二）

方法三：如图5－41所示。该电路用计数器来实现单按钮的启动/停止控制。0000第一次接通时，微分指令DIFU（13）使1000产生一个扫描周期的脉冲信号，该信号作为计数器CNT00的脉冲计数输入信号，CNT00计数1次。同时，0500接通并自锁。当0000第二次接通时，1000又产生一个脉冲，此时CNT00计数达到设定值2次，其常闭触点断开，使0500断开。其常开触点闭合使自身复位，为下次计数做好准备。

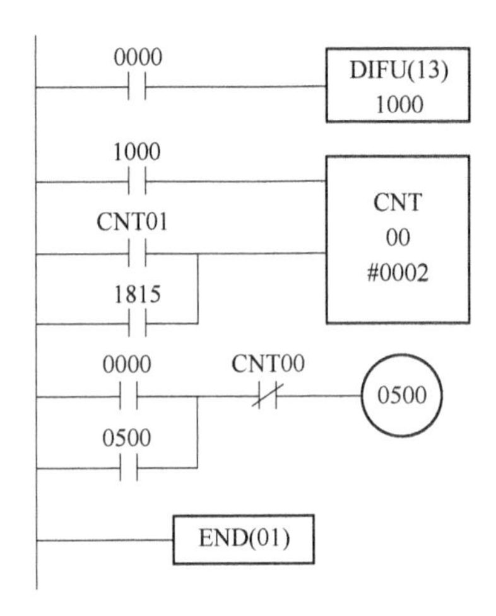

图 5-41 单按钮的启动/停止控制电路（方法三）

当输入信号 0000 是一个周期为 T 的信号时，如图 5-39（b）所示。此时，输出信号 0500 的周期是输入信号 0000 的两倍，而频率是输入信号 0000 的 1/2，因此，该电路也称为二分频电路。

5. 定时器的延时扩展电路

普通定时器 TIM 的最大定时时间为 999.9 s，如需更长的定时控制，可用如下方法实现。

1）用两个定时器串联延长定时时间

如图 5-42 所示，可将多个定时器进行串联定时，即 $SV=SV1+SV2+\cdots$。需定时 1 200 s，用两个定时器各定时 600 s 来实现。当 0000 为 ON 时，TIM00 开始计时，当到达 600 s 时，TIM00 的常开触点闭合，使 TIM01 得电开始计时，再延时 600 s 后，TIM01 的常开触点闭合，0500 线圈得电，获得延时 1 200 s 的输出信号。

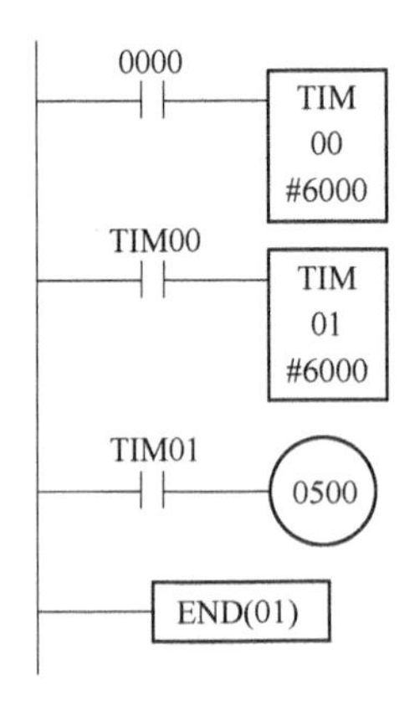

图 5-42 用两个定时器串联延长定时时间

2）用定时器和计数器延长定时时间

如图 5－43 所示，用一个定时器和一个计数器组合进行定时 1 200 s。定时器 TIM00 与其常闭触点构成 300s 脉冲发生器，每隔 300s 发出一个扫描周期的脉冲，作为计数器 CNT01 的 CP 脉冲计数输入信号。计数器 CNT01 进行减法计数，当其当前值减为 0 时，CNT01 接通，其常开触点闭合，使输出继电器 0500 输出为 ON。0000 的常闭触点作为 CNT01 的复位端信号，当 0000 断开时，其常闭触点闭合，CNT01 复位，输出继电器 0500 断开。该电路定时的时间为定时器的设定时间与计数器的设定值的乘积。

3）用两个计数器组合延长定时时间

如图 5－44 所示，用两个计数器进行组合，定时脉冲用 1 s 时钟脉冲 1902，由于 CNT00 复位端是其自身常开触点，因此，组成了一个 30 s 的脉冲发生器（每隔 30 s 发出一个脉冲），作为 CNT01 的脉冲输入信号，当 CNT01 计数到时，定时达到 30 s×40＝1 200 s，CNT01 常开触点闭合使 0500 接通，发出定时到达信号。

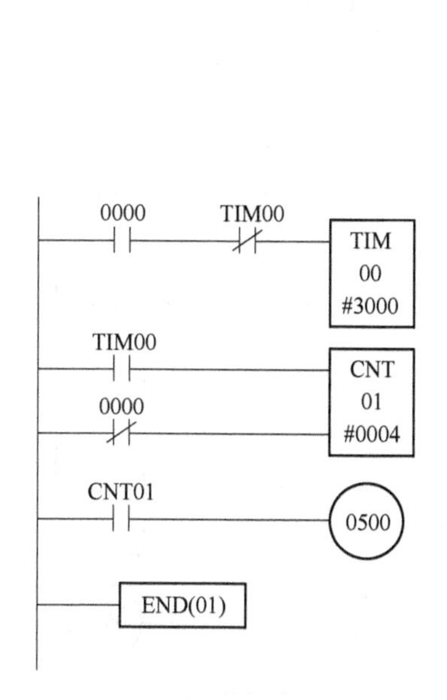

图 5－43　用定时器和计数器延长定时时间

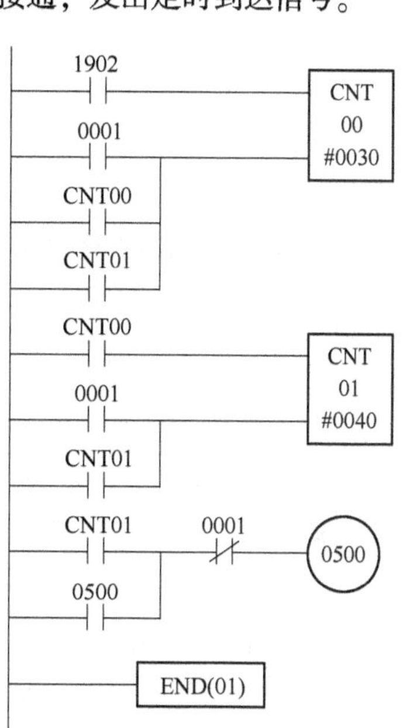

图 5－44　用两个计数器组合延长定时时间

6. 振荡电路

振荡电路可以产生特定的通断时序的输出信号。它常应用在脉冲信号源或闪光报警电路中，因此，也称为闪烁电路。

如图 5－45 和图 5－46 所示，通过两个定时器的反馈控制，可使输出继电器 0500 输出周期性矩形波，即振荡器电路，通过对两个定时器设定值的调节可以控制振荡器的脉冲宽度。

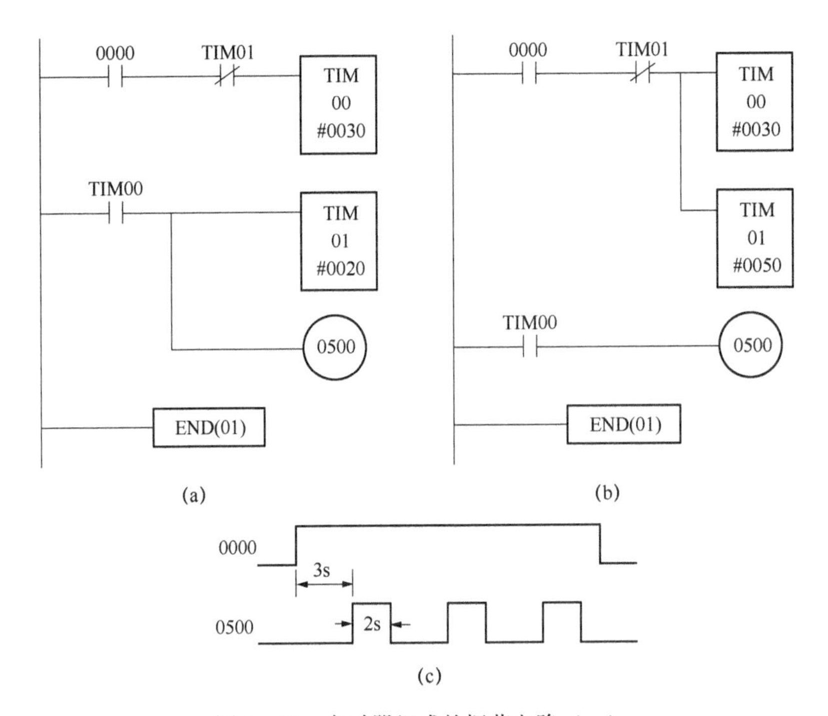

图 5-45　定时器组成的振荡电路（一）

（a）方法一：定时器分别定时；（b）方法二：定时器累加定时；（c）时序图

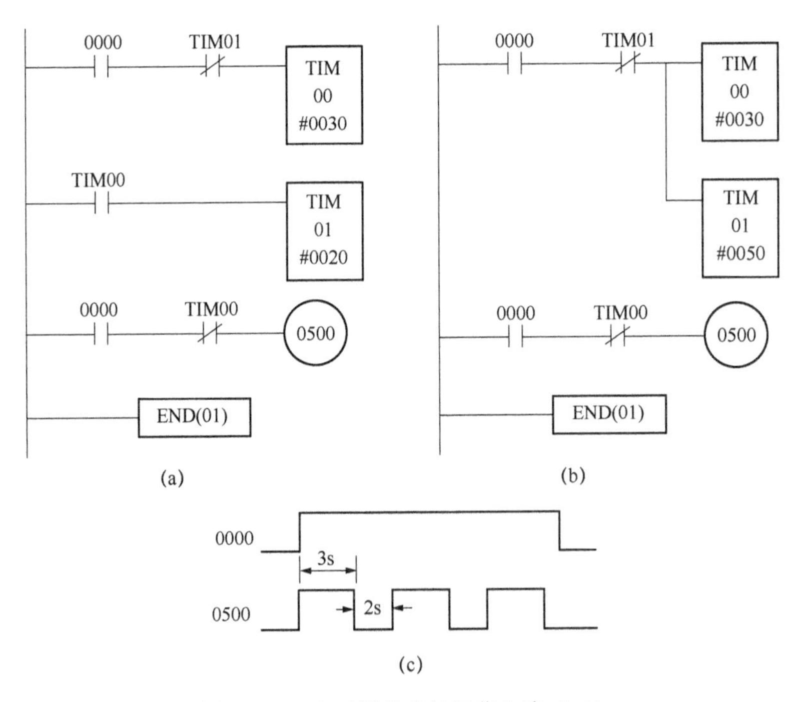

图 5-46　定时器组成的振荡电路（二）

（a）方法一：定时器分别定时；（b）方法二：定时器累加定时；（c）时序图

应用 1 s 时钟脉冲 1902 可以方便地组成输出脉冲宽度为 0.5s 的振荡电路，如图5 -47所示。

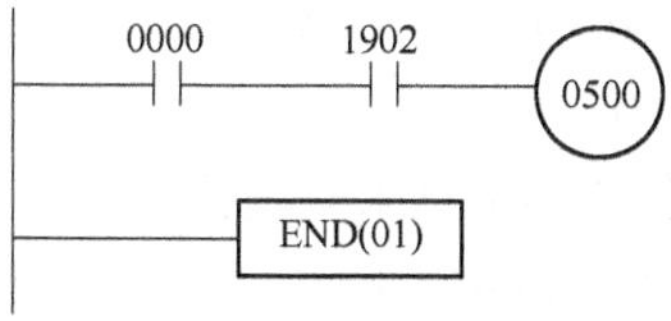

图 5 -47　用 1902 组成的振荡电路

5.5　程序设计举例

例 1　八位加法器

控制要求：被加数的低四位存放在 DM00 通道中，高四位存放在 DM01 通道中；加数的低四位存放在 DM10 通道中，高四位存放在 DM11 通道中；和的低四位存放在 DM20 通道中，高四位存放在 DM21 通道中，若有进位则存放在 DM22 通道中。

解：根据控制要求设计梯形图如图 5 -48 所示。

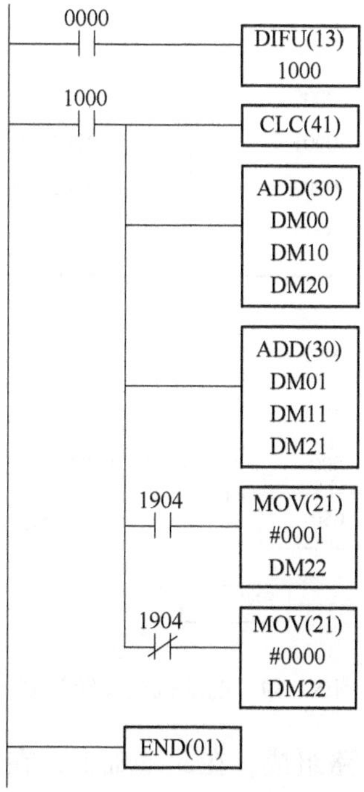

图 5 -48　八位加法器

程序分析：微分指令 DIFU 使加法指令只在 0000 上升沿到来时执行一次。第一条 ADD 指令实现 DM00 + DM10 + 1904→DM20。由于，在加法指令前使用了 CLC 指令清除进位。所以，该 ADD 指令就是实现了被加数的低四位和加数的低四位相加。如果有进位，1904 为“1”。第二条 ADD 指令实现 DM01 + DM11 + 1904→DM21，即如果低四位相加的结果有进位，就将进位 1904 为“1”加到高四位中。如果该高四位相加有进位，1904 为“1”，也就是和的第九位数，则 1904 的常开触点闭合，使用传送指令 MOV 将“1”送入 DM22 中。如果没有进位，1904 为“0”，其常闭触点闭合，将 0 送入 DM22 中。

例 2　电动机的正反转控制

控制要求：按下按钮 SB1，接触器 KM1 得电，电动机正转；按下按钮 SB2，接触器 KM2 得电，电动机反转；按下按钮 SB3，电动机停止；当过载时，热继电器 FR 动作，电动机也停止。

解：根据控制要求可知，输入设备为 SB1、SB2、SB3、FR；输出设备为 KM1、KM2。分配 PLC 的 I/O 地址如表 5 - 1 所示。按照控制要求设计梯形图如图 5 - 49 所示。

表 5 - 1　电机正反转 I/O 地址分配表

I	O
SB1　0000 SB2　0001 SB3　0002 FR　0003	KM1　0500 KM2　0501

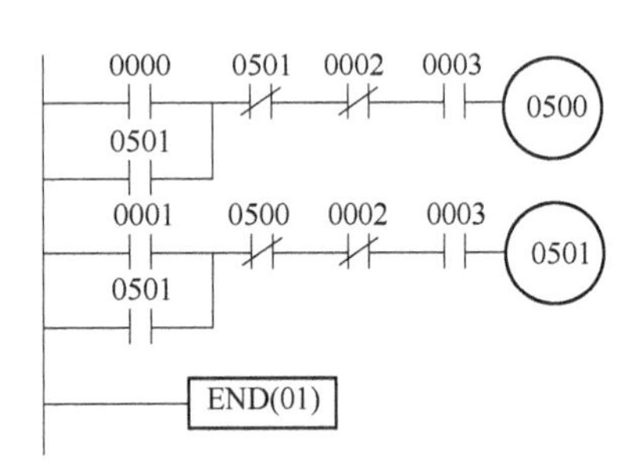

图 5 - 49　电动机正反转控制

该电路由两个起保停电路组成。在此基础上，在输出线圈 0500、0501 前增加对方的常闭触点实现互锁。当按下 SB3 时，0002 常闭触点断开，电动机停止。当过载时，继电器 0003 失电，其常开触点由正常工作时的闭合变为断开，使输出线圈失电，电动机停止。

例3　电动机的两地控制

控制要求：在甲地和乙地均能控制电动机的启动和停止。控制电动机的交流接触器为 KM。甲地：启动按钮 SB1，停止按钮 SB2；乙地：启动按钮 SB3，停止按钮 SB4。

解：根据以上控制要求可知，输入设备为 SB1、SB2、SB3、SB4；输出设备为 KM。分配 PLC 的 I/O 地址如表 5－2 所示。按照控制要求设计梯形图如图 5－50所示。

表 5－2　两地控制 I/O 地址分配表

I	O
SB1　0000 SB2　0001 SB3　0002 SB4　0003	KM　0500

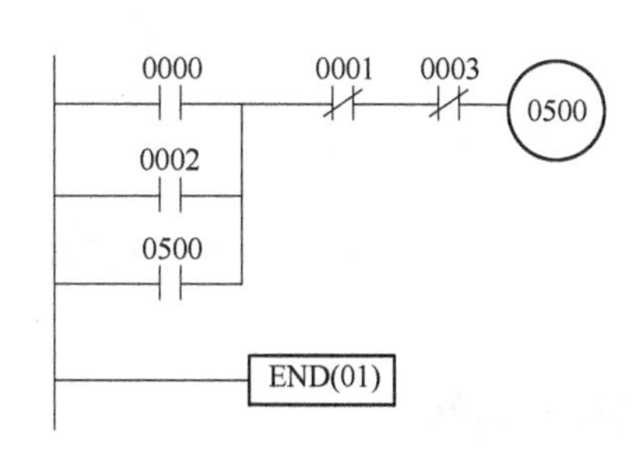

图 5－50　电动机的两地控制

该电路中，启动信号由 0000 和 0002 常开触点并联组成，停止信号由 0001 和 0003 常闭触点串联组成。

例4　两台电动机交替工作控制

控制要求：交流接触器 KM1 控制电动机 M1，交流接触器 KM2 控制电动机 M2。按下启动按钮 SB1，电动机 M1 工作 10 s 停下来，紧接着电动机 M2 工作 5 s 停下来，然后再交替工作；按下停止按钮 SB2，电动机 M1、M2 全部停止。

解：根据控制要求可知，输入设备为 SB1、SB2；输出设备为 KM1、KM2。分配 PLC 的 I/O 地址如表 5－3 所示。利用振荡电路原理，设计梯形图如图5－51所示。

表 5－3 两台电机交替工作 I/O 地址分配表

I	O
SB1 0000	KM1 0500
SB2 0001	KM2 0501

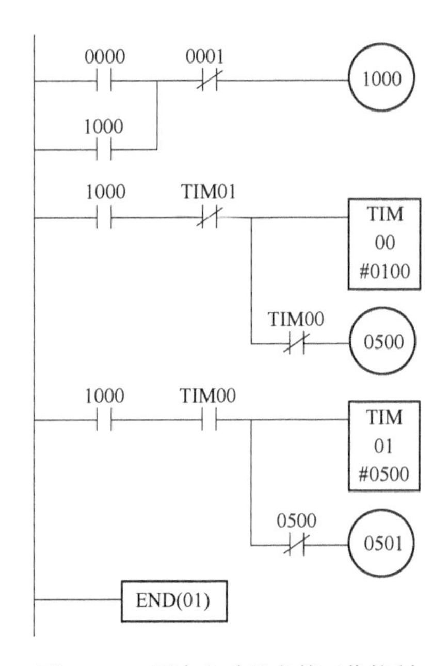

图 5－51 两台电动机交替工作控制

5.6 CPM1A 的指令系统

OMRON CPM1A PLC 的指令较 P 型机要丰富得多，这些指令按照功能可以分为基本逻辑指令、定时/计数指令、数据处理指令、算术运算指令、逻辑运算指令、子程序和中断控制指令、步进指令及专用指令。其中有些指令可以对 DM 区进行间接寻址，其操作数用 * DMnnnn 来表示。除了专用的微分指令外，还有许多指令具有微分特性，在某指令前加上@ 符号，即将该指令变为微分指令，表示该指令只在满足条件的第一个扫描周期内执行。

下面简要介绍 CPM1A 的指令系统。

1. 顺序指令

1） 顺序输入指令

顺序输入指令如表 5－4 所示。

表 5－4　顺序输入指令

指令名称	指令格式	功能	操作数
装入	LD—继电器号	将动合触电与母线相连	继电器号： 00000～01915 20000～25507 HR0000～1915 LR0000～1515 AR0000～1515 TIM/CNT000～127 TR0～7（仅限于 LD）
装入非	LD－NOT—继电器号	将动断触点与母线相连	
与	AND—继电器号	串联动合触点	
与非	AND－NOT—继电器号	串联动断触电	
或	OR—继电器号	并联动合触点	
或非	OR－NOT—继电器号	并联动断触点	
与装入	AND－LD	串联触点块	
或装入	OR－LD	并联触点块	

2）顺序输出指令

顺序输出指令如表 5－5 所示。

表 5－5　顺序输出指令

指令名称	指令格式	功能	操作数
输出	OUT—继电器号	将逻辑运算结果送输出继电器	继电器号： 01000～01915 20000～25215 HR0000～1915 LR0000～1515 AR0000～1515 TR0～7（仅用于 OUT）
输出取反	OUT－NOT—继电器号	将逻辑运算结果取反后送输出继电器	
置位	SET—继电器号	使指定触点 ON	
复位	RSET—继电器号	使指定触点 OFF	
锁存器	KEEP（11）继电器号	使锁存继电器动作	
前沿微分	DIFU（13）继电器号	信号前沿 ON 一个扫描周期	
后沿微分	DIFD（14）继电器号	信号后沿 ON 一个扫描周期	

3）顺序控制指令

顺序控制指令如表 5－6 所示。

表 5－6　顺序控制指令

指令名称	指令格式	功能	操作数
空操作	NOP（00）	——	——
结束	END（01）	程序结束指令	——
分支开始	IL（02）	如果条件为 OFF 时，在 IL（02）ILC（03）之间所有输出均 OFF，定时器复位，计数器停止计数	——
分支结束	ILC（03）		
跳转开始	JMP（04）号	如果跳转条件是 OFF，在 JMP（04）和 JME（05）之间的指令不执行	号 00～49
跳转结束	JME（05）号		

2. 定时器/计数器指令

定时器/计数器指令如表 5－7 所示。

表 5－7 定时器/计数器指令

<table>
<tr><th>指令名称</th><th>指令格式</th><th>功能</th><th>操作数</th></tr>
<tr><td>定时器</td><td>TIM 定时器号设定值</td><td>接通延时、减 1 定时
设定值：0～9999
度量单位：0.1s</td><td rowspan="4">使用高速定时器指令时，指定用 TIM000～TIM003 作中断处理时的定时器
设定值：
000～019CH，200～255CH
HR00～19，AR00～15
LR00～15，DM0000～1023
DM6144～6655
＊DM0000～1023
DM6144～6655
常数 0000～9999（BCD）</td></tr>
<tr><td>计数器</td><td>CNT 计数器号设定值</td><td>减 1 计数器
设定值：0～9999 次</td></tr>
<tr><td>可逆计数器</td><td>CNTR（12）计数器号设定值</td><td>加 1、减 1 计数器
设定值：0～9999 次</td></tr>
<tr><td>高速定时器</td><td>TIMH（15）定时器号设定值</td><td>高速减 1 定时器
设定值：0～9999
度量单位：0.01s</td></tr>
</table>

3. 步进指令

步进指令如表 5－8 所示。

表 5－8 步 进 指 令

指令名称	指令格式	功 能
步进定义	STEP（08）N	步进控制的开始，N：程序段编号
	STEP（08）	步进控制程序的结束。在该指令后执行的是常规梯形图控制
步进启动	SNXT（09）N	步进程序 N 的开始（前过程复位，下一个过程开始）

4. 递增/递减指令

递增/递减指令如表 5－9 所示。

表 5－9 递增/递减指令

指令名称	指 令 格 式	功 能
递增	（@）INC（38）D	D 通道的数据＋1
递减	（@）DEC（39）D	D 通道的数据－1

5. 四则运算指令

四则运算指令如表 5－10 所示。

表5－10　四则运算指令

指令名称	指令格式	功　　能
BCD 加法	（@）ADD（30）S1 S2 D	十进制加法（BCD） S1＋S2＋[Cy]→D、[Cy]
BCD 减法	（@）SUB（31）S1 S2 D	十进制减法（BCD） S1－S2－[Cy]→D、[Cy]
BCD 乘法	（@）MUL（32）S1 S2 D	十进制乘法 S1×S2→D＋1、D
BCD 除法	（@）DIV（33）S1 S2 D	十进制除法 S1÷S2→D＋1、D 余数　商
BIN 加法	（@）ADB（50）S1 S2 D	二进制加法 S1＋S2＋[Cy]→D、[Cy]
BIN 减法	（@）SBB（51）S1 S2 D	二进制减法 S1－S2－[Cy]→D、[Cy]
BIN 乘法	（@）MLB（52）S1 S2 D	二进制乘法 S1×S2→D＋1、D
BIN 除法	（@）DVB（53）S1 S2 D	二进制除法 S1÷S2→D＋1、D 余数　商
BCD 双字长加法	（@）ADDL（54）S1 S2 D	两个8位 BCD 码相加：S1＋1、S1＋ S2＋1、S2＋[Cy]→D＋1、D、[Cy]
BCD 双字长减法	（@）SUBL（55）S1 S2 D	两个8位 BCD 码相减：S1＋1、S1－ S2＋1、S2－[Cy]→D＋1、D、[Cy]
BCD 双字长乘法	（@）MULL（56）S1 S2 D	两个8位 BCD 码相乘：S1＋1、S1× S2＋1、S2→D＋3、D＋2、D＋1、D
BCD 双字长除法	（@）DIVL（57）S1 S2 D	两个8位 BCD 码相除：S1＋1、S1÷ S2＋1、S2→D＋3、D＋2、D＋1、D 余数　商

6. 进位标志指令

进位标志指令如表5－11所示。

表 5－11 进位标志指令

指令名称	指令格式	功 能
置进位	@STC（40）	将进位标志位 25504 Cy 设置为 1
清进位	@CLC（41）	将进位标志位 25504 Cy 设置为 0

7. 数据转换指令

数据转换指令如表 5－12 所示。

表 5－12 数据转换指令

指令名称	指令格式	功 能
BCD→BIN	（@）BIN（23） S D	将 S 通道中的 4 位 BCD 码转换成 16 位二进制码存放到 D 通道
BIN→BCD	（@）BCD（24） S D	将 S 通道中的 16 位二进制码转换成 4 位 BCD 码存放到 D 通道
4→16 译码器	（@）MLPX（76） S K D	根据 K 通道指定的位，将 S 通道中的 4 位十六进制数中的各位数字译成 0～15 的十进制代码，使 D 通道中的对应位置“1”
16→4 编码器	（@）DMPX（77） S D K	将 S 通道中为 1 的位的最高位号，变换成一个十六进制数，传送到 D 通道中由 K 指定的位
ASCII 码转换	（@）ASC（86） S K D	根据 K 通道的指定，将 S 通道中的 4 位十六进制数，转换成 8 位 ASCII 代码，输出到 D 通道的高 8 位或低 8 位。 K 通道： D4 | D3 | D2 | D1 D1：S 通道中第一个被转换的数字位（0～3） D2：被转换位数（0～3） 0：1 个数字（4 位） 1：2 个数字（8 位） 2：3 个数字（12 位） 3：4 个数字（16 位） D3：输出到 D 通道位置 0：低 8 位 1：高 8 位 D4：奇偶指定 0：不指定 1：指定偶数 2：指定奇数

8. 数据比较指令

数据比较指令如表 5 – 13 所示。

表 5 – 13　数据比较指令

指令名称	指令格式	功　　能
比较	(@) CMP (20)　S1 S2	S1 通道数据、常数与 S2 通道数据、常数进行比较。根据比较结果分别设置比较标志 25505 (>) ON 25506 (=) ON 25507 (<) ON
双字长比较	(@) CMPL (60)　S1 S2 000	S1、S1 +1 通道数据与 S2、S2 +1 通道数据进行比较。根据比较结果分别设置比较标志 25505 (>) ON 25506 (=) ON 25507 (<) ON
块比较	(@) BCMP (68)　S T D	数据块比较： 当 S 通道中的值位于上、下限之间时，在 D 通道的对应位置 1，否则置 0。 S：比较数据通道 T：上、下限数据块起始通道 D：比较结果输出通道 S 与 T 通道中的数据必须使用相同的数制 当 T +31 通道超出数据区时，25503 为 ON
表比较	(@) TCMP (85)　S T D	表格比较： 以起始通道 T 为数据表的数据与指定的比较数据通道 S 中的数据依次比较，若两者相等，则在 D 通道的对应位置 1，否则置 0。 S：比较数据通道 T：数据表格起始通道 D：比较结果输出通道 若比较结果为 00（16 个通道全都不一致），25506 (=) 为 ON S 与 T 通道中的数据必须使用相同的数制 当 T +15 通道超出数据区时，25503 为 ON

9. 数据传送指令

数据传送指令如表 5 – 14 所示。

表 5－14　数据传送指令

指令名称	指令格式	功　　能
传送	(@) MOV (21)　S D	将 S 通道的数据或常数，传送到 D 通道中去
取反传送	(@) MVN (22)　S D	将 S 通道中的数据或常数，取反后传送到 D 通道中去
数据块传送	(@) XFER (70)　N S D	将 S 通道开始的 *N* 个相邻通道的数据，分别传送到以 D 通道开始的 *N* 个相邻通道中
多通道置数	(@) BSET (71)　S D1 D2	将 S 通道的数据或常数传送到 D1～D2 通道中去。 D1～D2 是同一类通道，且 D1 < D2
数据交换	(@) XCHG (73)　S D	S 通道与 D 通道进行数据交换
数据分配	(@) DIST (80)　S D C	将源通道 S 的数据传送到目的通道（D＋C）中去 S：源通道 D：目的通道基地址 C：偏移量 D 与 C 应是同一类通道 C 中的数据必须是 BCD 码 当 C 中的数据不是 BCD 码时，或（D＋C）超出通道范围时，25503 为 ON 当 S 中的数据为 0000 时，25506 为 ON
变址传送	(@) COLL (81)　S C D	将源通道（S＋C）的数据传送到目的通道 D S：源通道基地址 C：偏移量 D：目的通道 S 与 C 应是同一类通道
位传送	(@) MOVB (82)　S C D	根据控制数据 C 的内容，将源通道 S 的指定位传送到目的通道 D 的指定位 C 通道的内容（4 位 BCD 码） [D4 | D3 | D2 | D1] D2，D1：源通道的指定位（00～15） D4，D3：目的通道的指定位（00～15）

续表

指令名称	指令格式	功　　能
数字传送	(@) MOVD (83)　S C D	根据控制数据 C 的内容，将源通道 S 的指定数位的数传送到目的通道 D 的指定位 控制数据 C 的内容应是（BCD 码） 0 | D3 | D2 | D1 D1：要传送的首位数字在源通道中的数位（0～3） D2：要传送的数字个数（0～3） 0：1 个数字 1：2 个数字 2：3 个数字 3：4 个数字 D3：要传送的首位数字在目的通道的目标数位（0～3）

10. 逻辑运算指令

逻辑运算指令如表 5－15 所示。

表 5－15　逻辑运算指令

指令名称	指令格式	功　　能
求反	(@) COM (29)　D	将 D 通道的数据按位求反
字与	(@) ANDW (34)　S1 S2 D	S1 通道数据、常数与 S2 通道数据、常数，按位进行逻辑与，运算结果输出到 D 通道。 运算结果为 0000 时，25506 为 ON
字或	(@) ORW (35)　S1 S2 D	S1 通道数据、常数与 S2 通道数据、常数，按位进行逻辑或，运算结果输出到 D 通道。 运算结果为 0000 时，25506 为 ON
字异或	(@) XORW (36)　S1 S2 D	S1 通道数据、常数与 S2 通道数据、常数，按位进行异或运算，运算结果输出到 D 通道。 运算结果为 0000 时，25506 为 ON
字同或	(@) XNRW (37)　S1 S2 D	S1 通道数据、常数与 S2 通道数据、常数，按位进行同或运算，运算结果输出到 D 通道。 运算结果为 0000 时，25506 为 ON

11. 数据移位指令

数据移位指令如表 5－16 所示。

表 5-16　数据移位指令

指令名称	指令格式	功　能
移位寄存器	SFT（10）　D1 D2	移位寄存器有 3 个输入端： IN 为数据输入 SP 为移位信号 R 为复位信号 在每个 SP 的上升沿，将 IN 的状态读入 D1 通道的最低位，D1 ~ D2 通道的数据依次左移一次，D2 通道的最高位丢失 D1 ~ D2 应是同一类通道，且 D1 ≤ D2。 当 R 为 ON 时，D1 ~ D2 的所有位被置 0，且不接受数据输入
通道位移	（@）WSFT（16）　D1 D2	以通道为单位，将 D1 通道的数据移到 D2 通道 移位后，D1 通道补 0000，D2 通道移位前的数据丢失
非同步移位寄存器	（@）ASFT（17）　C D1 D2	根据控制模式通道 C 的内容，在 D1 ~ D2 的通道间，0000 与前后通道的数据相互替代。 通道 C 的内容： 15　14　13　…　00 第 13 位为移位方向 0：下位→上位　　1：上位→下位 第 14 位为移位执行 0：没有移位　　1：移位 第 15 位为复位输入 0：不复位　　1：复位
算术左移 1 位	（@）ASL（25）　D	将 D 通道的数据向左移 1 位
算术右移 1 位	（@）ASR（26）　D	将 D 通道的数据向右移 1 位
带 Cy 的左循环移位	（@）ROL（27）　D	将 D 通道的数据连同进位位 C_y 一起循环左移
带 Cy 的右循环移位	（@）ROR（28）　D	将 D 通道的数据连同进位位 C_y 一起循环右移
数字左移 1 位	（@）SLD（74）　D1 D2	将 D1 ~ D2 通道间的数据依次左移 1 个数字位（4 位），最低位补 0，最高位丢失
数字右移 1 位	（@）SRD（75）　D1 D2	将 D1 ~ D2 通道间的数据依次右移 1 个数字位（4 位），最高位补 0，最低位丢失

续表

指令名称	指令格式	功　　能
可逆左右移位寄存器	SFTR@ SFTR（84）　C D1 D2	根据控制模式通道 C 的内容，将 D1～D2 通道间的数据进行左移或右移 1 位，带进位位。 控制模式通道 C： 15　14　13　12　…　00 第 12 位为移动方向 0：右移　　1：左移 第 13 位为数据输入（IN）信号 第 14 位为移位输入（SP）信号 第 15 位为复位输入（R）信号

12. 位计数器指令

位计数器指令如表 5－17 所示。

表 5－17　位计数器指令

指令名称	指令格式	功　　能
位计数器	（@）BCNT（67）　W S D	对指定通道 S 中值为 1 的位进行计数累计，并以 BCD 码数据存入 D 通道 W：计数通道数 S：计数起始通道 D：计数结果输出通道 当 W 的数据不是 BCD 码以及计数结果超过 9999 时，出错标志 25506 为 ON

13. 子程序指令

子程序指令如表 5－18 所示。

表 5－18　子程序指令

指令名称	指令格式	功　　能
子程序调用	（@）SBS（91）　N	调用指定的子程序 当子程序不存在时、从自己子程序中调用自己子程序时以及调用已执行中的子程序时，均使 25503 为 ON
子程序进入	SBN（92）　N	表示子程序的开始
子程序返回	RET（93）	表示子程序的结束

续表

指令名称	指令格式	功　　能
宏指令	MCRO（99）　N S D	调用宏指令允许用单个子程序来替代多个子程序，能够替代输入输出继电器号的写入 N：将要调用的带形式参数的子程序号 S：调用子程序时与形式参数相对应的输入点的实际参数 D：调用子程序时与形式参数相对应的输出点的实际参数

14. 中断控制指令

中断控制指令如表 5－19 所示。

表 5－19　中断控制指令

指令名称	指令格式	功　　能
间隔定时器控制	（@）STIM（69）　C1 C2 C3	用内部定时器执行定时中断 C1：控制模式通道 000：单触发中断启动 003：定时中断启动 006：读出定时器当前值 010：定时器停止 当 C1＝000 或 003，C2 指定为通道时 C2：定时器首地址通道，存设定值（00009999BCD） C2＋1：存递减间隔（00050320BCD）（0.1ms 单位） C3：子程序通道 若 C2 指定为常数，则递减时间间隔固定（1ms） 当 C1＝006 时 C2：存入递减次数 C2＋1：存入递减时间间隔 C3：存入前次递减的经过时间 当 C1＝010 时 C2：固定 000 C3：固定 000

续表

指令名称	指令格式	功　　能
中断控制	（@）INT（89）　C1 000 C2	控制来自外部中断输入 C1：中断控制码通道 000：屏蔽中断输入 001：清除已记录的中断输入信号 002：读出中断输入屏蔽状态 003：更新计数器设定 100：全部中断禁止 200：全部中断允许 C2：控制模式通道 15　4　3　2　1　0 □ … □ □ □ □ □ 第4位～第15位均为0 当C1 =000 时 第0位～第3位分别为00003～00006的中断屏蔽设定，0：屏蔽解除　1：屏蔽 当C1 =001 时 第0位～第3位分别为00003～00006的中断清除设定，0：不清除　1：清除 当C1 =002 时 第0位～第3位分别为00003～00006的中断屏蔽状态，0：没有屏蔽　1：屏蔽 当C1 =003 时 第0位～第3位分别为00003～00006的计数中断屏蔽设定，0：更新屏蔽解除　1：没有更新

15. 外围控制指令

1）I/O单元用指令

I/O单元用指令如表5－20所示。

表5－20　I/O单元用指令

指令名称	指令格式	功　　能
七段显示译码	（@）SDEC（78）　S K D	根据K通道中指定的数据，将源通道中的十六进制数变换为能在七段数码显示器上显示的代码，输出到结果通道 S：源通道

续表

指令名称	指令格式	功能
七段显示译码	(@) SDEC (78) S K D	K：通道的数据 D：结果通道的首地址 第3位 第2位 第1位 第0位 第0位：源通道S中第1个被译码的位号（0~3） 第1位：源通道S中被译码的数字位数（0~3） 0：1个数字（4位）　1：2个数字（8位） 2：3个数字（12位）　3：4个数字（16位） 第2位：输出到结果通道指定位 0：低8位　1：高8位 第3位：不用
I/O刷新	(@) IORF (97) D1 D2	将起始通道D1至结束通道D2的所有数据进行刷新 D1、D2必须是输入输出继电器通道，且D1≤D2 只有直接连在PLC上的I/O单元才能有效的用IORF来实现刷新。IORF不能用于远程I/O从单元或光纤I/O Link单元

2）显示功能指令

显示功能指令如表5-21所示。

表5-21　显示功能指令

指令名称	指令格式	功能
信息显示	(@) MSG (46) S	将起始通道S开始的8个连续通道中用ASCII码表示的16个字符送到编程器屏幕上显示

3）高速计数控制指令

高速计数控制指令如表5-22所示。

表5-22　高速计数控制指令

指令名称	指令格式	功能
动作模式控制	(@) INI (61) P C1 C2	启动、停止高速计数器操作，比较并改变计数器的当前值，停止脉冲输出 P：指针通道　CMP1A指定为000 C1：控制模式设定通道

续表

<table>
<tr><th>指令名称</th><th>指令格式</th><th>功　　能</th></tr>
<tr><td>动作模式控制</td><td>(@) INI (61)　P
C1
C2</td><td>000：比较开始
001：比较停止
002：当前值更新
003：脉冲输出停止
C2：当前值变更设定通道
C1 =002 时：新的当前值以 8 位 BCD 码设定，存放在：C2 +1、C2
加计数模式时，为：00000000 ~00065535
加/减计数模式时，为：F0032767 ~00032767
C1 ≠002 时，C2 为 000</td></tr>
<tr><td>读出高速计数器的当前值</td><td>(@) PRV (62)　P
C
D</td><td>从高速计数器读当前值和状态数据
P：指针通道　CMP1A 指定为 000
C：控制模式设定通道
CMP1A 指定为 000：读出当前值
D：读出的当前值以 8 位 BCD 码存入 D、D +1
加计数模式时，为：00000000 ~00065535
加/减计数模式时，为：F0032767 ~00032767</td></tr>
<tr><td>比较表登录</td><td>(@) CTBL (63)　P
C
S</td><td>登录与高速计数器当前值比较的比较表，并比较
P：指针通道　CPM1A 指定为 000
C：模式设定通道
000：登录目标值一致比较表、比较开始
001：登录带域比较表、比较开始
002：仅登录比较值一致比较表
003：读带域比较表
S：比较表存入通道首地址
C =000 或 002 时<table><tr><td>S</td><td>比较条件数</td></tr><tr><td>S +1</td><td>目标值 1 的低 4 位</td></tr><tr><td>S +2</td><td>目标值 1 的高 4 位</td></tr><tr><td>S +3</td><td>第 1 组子程序号</td></tr></table>S +1、S +2、S +3 为 1 个目标值一致比较条件的设定。最大设定 16 个比较条件</td></tr>
</table>

续表

<table>
<tr><th>指令名称</th><th>指令格式</th><th>功　　能</th></tr>
<tr><td>比较表登录</td><td>(@) CTBL (63)　P
C
S</td><td>C =001 或 003 时
<table><tr><td>S</td><td>下限值 1 的低 4 位</td></tr><tr><td>S +1</td><td>下限值 1 的高 4 位</td></tr><tr><td>S +2</td><td>上限值 1 的低 4 位</td></tr><tr><td>S +3</td><td>上限值 1 的高 4 位</td></tr><tr><td>S +4</td><td>中断处理子程序号</td></tr></table>S ~ S +4 为 1 组带域比较条件的设定，最大可设定 8 组带域比较条件
计数设定值
加计数模式：00000000 ~ 00065535
加/减计数模式：F0032767 ~ 00032767</td></tr>
</table>

16. 故障报警指令

故障报警指令如表 5 -23 所示。

表 5 -23　故障报警指令

指令名称	指 令 格 式	功　　能
故障报警	(@) FAL (06)　N1	不使 CPU 停机的故障指示 N1：故障代码
故障复位	(@) FAL (06)　00	清除 FAL 的代码区
重故障报警	FALS (07)　N2	使 CPU 停机的故障指示 N2：故障代码

17. 模拟设定电位器功能

模拟设定电位器功能如表 5 -24 所示。

表 5 -24　模拟设定电位器功能

	存入通道	设定值
模拟设定电位器 0	250CH	0000 ~ 0200
模拟设定电位器 1	251CH	0000 ~ 0200

习　题

5－1　PLC 的编程语言有哪些？

5－2　PLC 的梯形图语言有哪些特点？

5－3　写出图 5－52 所示梯形图对应的指令表语言。

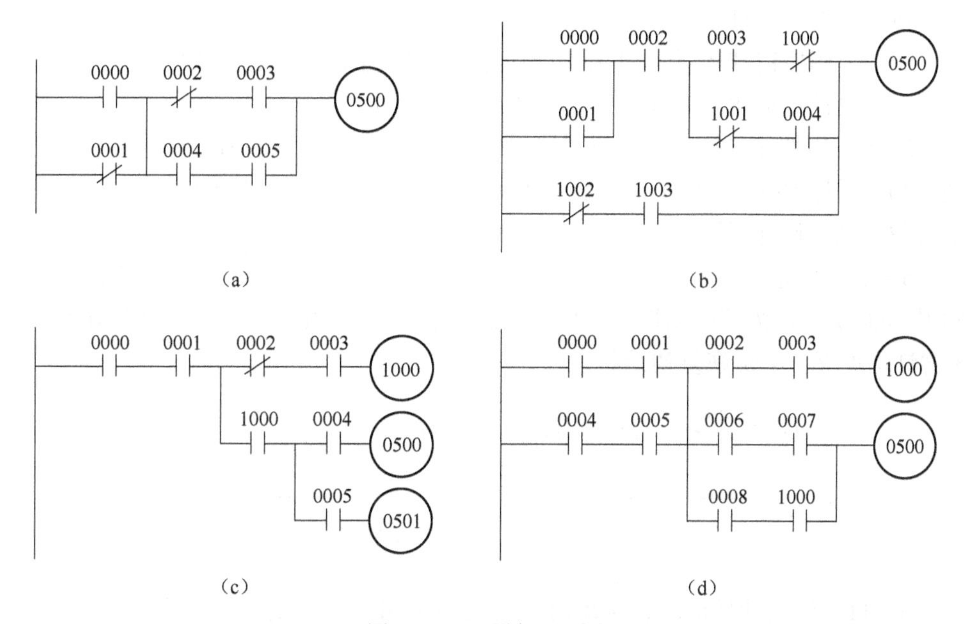

图 5－52　习题 5－3 图

5－4　画出与图 5－53 图中语句表对应的梯形图。

地址号	助记符	器件号
0000	LD	0000
0001	AND-NOT	0001
0002	OR	0002
0003	LD-NOT	0003
0004	OR-NOT	0004
0005	AND-LD	
0006	OUT	0500
0007	END(01)	

(a)

地址号	助记符	器件号
0000	LD	0000
0001	DIFU(13)	1000
0002	LD	1000
0003	MOV(21)	#0010
		11
0004	CMP(20)	DM00
		11
0005	LD	0001
0006	AND	1906
0007	OUT	0500
0008	END(01)	

(b)

图 5－53　习题 5－4 图

5－5　用按钮 SB1、SB2 共同控制灯 L。要求：SB1 接通或 SB2 断开时，灯 L

亮；SB1 断开且 SB2 接通时，灯 L 灭。试设计梯形图，并译成指令表语言。

5-6 用按钮 SB1、SB2 共同控制灯 L1、灯 L2。要求：SB1 接通后，灯 L1 亮；当 SB2 接通后，L1 灭，同时灯 L2 亮。试设计梯形图，并译成指令表语言。

5-7 设计简易 4 组抢答器。要求：每组各有一常开按钮，分别为 SB1、SB2、SB3、SB4，且各有一盏指示灯，分别为 L1、L2、L3、L4。其中先按下的按钮对应的灯亮，且一直亮，此时其他组的信号不起作用。SB5 为主持人控制的复位按钮，按下后灯灭。

5-8 用按钮 SB1 控制灯 L1。要求：SB1 接通 10 s 后，灯 L1 亮，再过 5 s 后灭。试设计梯形图，并译成指令表语言。

5-9 用按钮 SB1、SB2 分别控制灯 L1、灯 L2。要求：SB1 接通后，灯 L1 亮，20 s 后灯 L2 亮，再过 10 s 后灯 L1、灯 L2 都灭。任何时候 SB2 接通后，全部复位。试设计梯形图。

5-10 流水灯设计。有 3 盏灯，分别为红灯、绿灯和黄灯，要求实现图 5-54 中控制功能：按下启动按钮 SB1，3 盏灯按以下顺序循环。按下停止按钮 SB2，3 盏灯均熄灭，系统恢复初始状态。

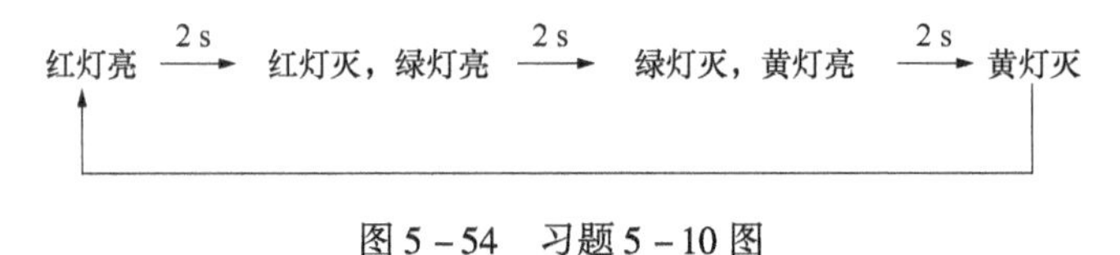

图 5-54 习题 5-10 图

5-11 试设计梯形图，实现对三台电动机 M1 ~ M3 的控制。要求如下：按下启动按钮 SB1，第一台电动机 M1 启动，10 s 以后，第二台电动机 M2 自行启动，运行 15 s 以后，第三台电动机 M3 启动，再运行 15 s 后，电动机 M1 ~ M3 全部停止。

5-12 用按钮 SB1、SB2 控制灯 L1。要求：SB1 接通 5 次后，灯 L1 亮，SB2 接通后，L1 灭。试设计梯形图。

5-13 有一台电动机，要求在按下启动按钮 SB1 后，电动机运转 10 s，停止 5 s；重复 5 次后，电动机自动停止，试设计梯形图。

5-14 用 CNT 指令实现 SB1 接通 10 s 后灯 L1 亮，SB1 断开后，L1 经过 5 s 再熄灭的功能。试设计梯形图。

5-15 试设计一个延时 10 天的控制程序。

5-16 有 9 盏灯呈环形排列，内环 L1、L2、L3，中环 L4、L5、L6，外环 L7、L8、L9。按下启动按钮 SB1，三环灯呈发射状间隔 1 s 循环点亮，按下 SB2 后，全部复位。试设计梯形图。

5-17 设计一个彩灯交叉显示程序。有 8 盏彩灯 L1 ~ L8，要求 8 盏灯隔灯显示，每 1 s 变化一次，反复进行。

5-18　用功能指令设计一个八段数码管循环点亮的控制系统，其控制要求如下：

(1) 手动时，每按一次按钮数码管显示数值加 1，由 0~9 依次点亮，并实现循环；

(2) 自动时，每隔一秒数码管显示数值加 1，由 0~9 依次点亮，并实现循环。

5-19　设计一个车库自动门控制系统。控制要求为：当车辆到达车库门前时，超声波开关收到信号，门电动机正转，车库门上升。当升到顶点碰到上限位开关时，门停止上升。当车辆驶入车库后，车库内光电开关发出信号，30 s 后门电动机反转，门下降。当碰到下限位开关后，门电动机停止。

项目二

PLC 基本逻辑指令的应用

任务三　抢答器的设计

一、任务目标

1. 掌握 PLC 的基本逻辑指令的综合应用。
2. 掌握 PLC 编程的基本方法和技巧。
3. 熟悉抢答器的原理。
4. 掌握八段数码显示器的控制方法。

二、任务描述

设计一个抢答器控制系统。每组各有一用来抢答的常开按钮 SB1、SB2、SB3，共用一个八段数码显示器，其结构如项图 2－1（a）所示。任一组抢先按下按钮后，八段数码显示器显示该组的组号，并保持。同时锁住抢答器，其他组信号不起作用。直到主持人按下复位按钮 SB4 后，八段数码显示器才复位。

三、任务分析

根据控制要求得知，输入设备为 SB1、SB2、SB3、SB4；输出设备为八段数码显示器的各段。分配 PLC 的 I/O 地址如项表 2－1 所示。当某一组按钮先按下时，利用对应的内部辅助继电器保存该状态，再调用该内部辅助继电器的常开触点使对应数字的各段接通，即显示了相应的组号。其他组按钮再按下时，使用互锁控制，使其内部辅助继电器不能接通。如 SB3 先按下，SB1、SB2 随后按下，则只有 1001 接通。1001 常开触点闭合，使 A、B、D、E、G 五段接通，显示数字“2”。当主持人按下 SB4 时，0003 接通，调用其常闭触点，使显示器复位。

四、任务实施

按照控制要求及以上分析，设计抢答器控制的梯形图如项图 2－1（b）所示。

五、拓展练习

八段数码显示器的显示控制。要求实现数字的任意切换显示，即按下相应按钮，便显示相应数字。

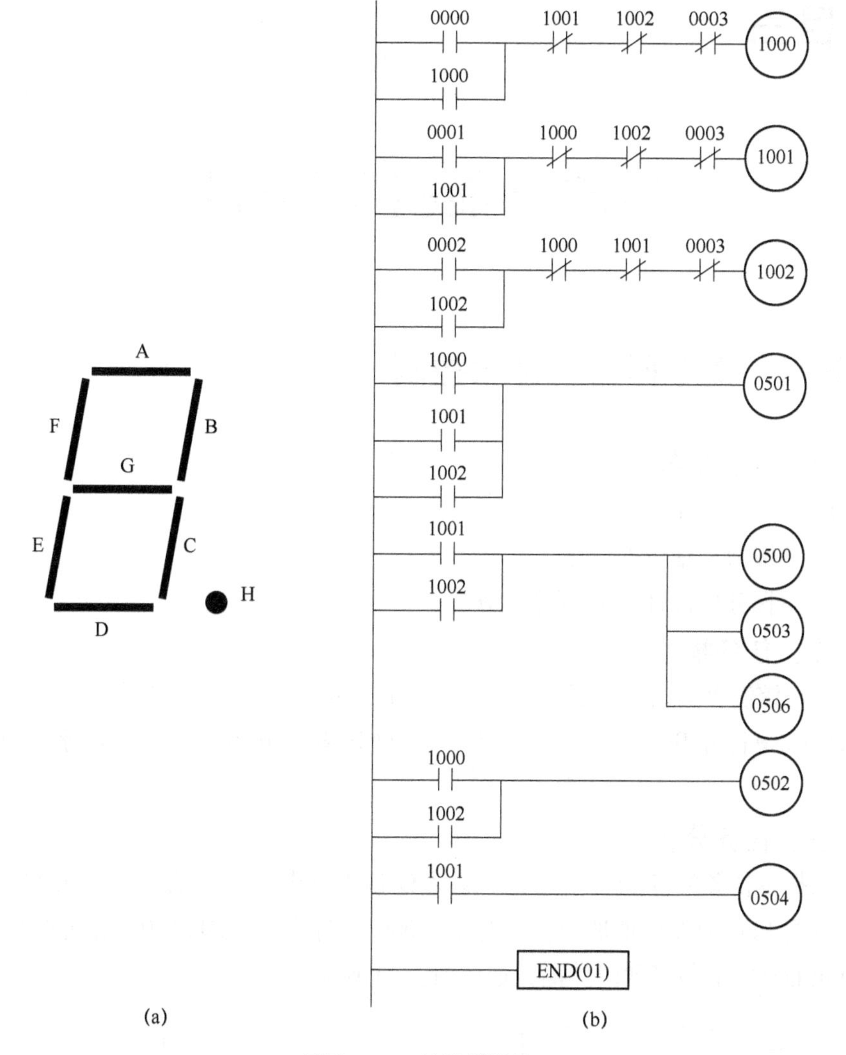

项图 2－1　抢答器设计

(a) 八段数码显示器结构示意图；(b) 抢答器梯形图

项目 2－1　抢答器设计 I/O 地址分配表

I	O
SB1　0000 SB2　0001 SB3　0002 SB4　0003	A 段　0500 B 段　0501 C 段　0502 D 段　0503 E 段　0504 F 段　0505 G 段　0506 H 段　0507

项目三

PLC 功能指令的应用

任务四　洗手间自动冲水控制

一、任务目标

1. 掌握定时器的使用。
2. 掌握微分指令的应用。
3. 掌握分析设计 PLC 程序的方法。

二、任务描述

某宾馆洗手间的控制要求为：当有人进去时，光电开关接通，3 s 后，控制冲水电磁阀打开开始冲水，时间为 2 s；使用者离开后，再一次冲水，时间为 5 s。

三、任务分析

根据本任务的控制要求可知，输入设备为光电开关，输出设备为冲水电磁阀，分配 PLC 的 I/O 地址为：光电开关 0000；冲水电磁阀 0500。分析控制要求，可画出 0000 和 0500 的时序图，如项图 3－1 所示。

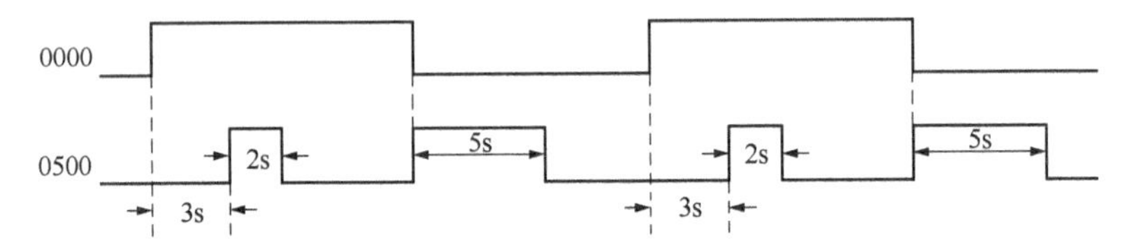

项图 3－1　洗手间自动冲水控制 I/O 时序图

由 0000 和 0500 的时序图可以看出，输入继电器 0000 每接通一次，输出继电器 0500 要接通两次。0500 第一次接通是在 0000 接通延时 3s 后，第二次接通是在 0000 断开即下降沿到来时。因此，本任务需要用到上升沿和下降沿微分指令和定时器来进行控制。利用上升沿微分指令 DIFU 使 1000 在 0000 的上升沿时刻接通一个扫描周期，作为 0500 接通前延时 3 s 的定时信号。利用下降沿微分指令 DIFU 使 1001 在 0000 下降沿时刻接通一个扫描周期，作为 0500 第二次接通的启动信号。分别用 3 个定时器 TIM00、TIM01、TIM02 来对 3 段时间进行定时。由于 1000 和 1001 都是窄脉冲信号，为了使定时器线圈持续接通，以完成定时，分别用两个内部辅助继电器 1002 和 1101 来给定时器提供长信号。

四、任务实施

根据以上分析，设计洗手间冲水控制的梯形图如项图 3－2 所示。

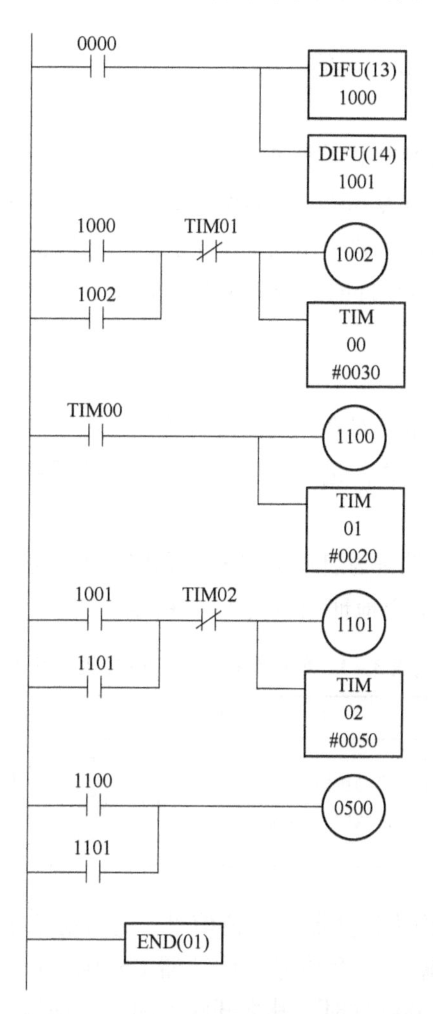

项图 3－2　洗手间自动冲水控制梯形图

五、拓展练习

设计一个四分频控制电路。

任务五　仓库物品的统计监控设计

一、任务目标

1. 掌握计数器指令的使用。
2. 掌握闪烁电路的应用。
3. 掌握分析设计 PLC 程序的方法。

二、任务描述

有一个可以存放 2 000 件物品的仓库，需要对每天存放进来的货物进行统计。监控系统的启动按钮为 SB1。控制要求为：当进库货物达到 1 000 件时，仓库监控室的绿灯亮；当货物数量达到 1 800 件时，仓库监控室的绿灯熄灭，黄灯亮；当货物数量达到 2 000 件时，仓库监控室的黄灯熄灭，红灯以 1 s 频率闪烁报警。

三、任务分析

本控制任务的关键是要对仓库物品进行统计计数。解决的思路是在进库口设置传感器用来检测是否有物品进库，再通过对传感器检测信号进行计数，以统计进库物品的数量。

该控制系统的输入设备为启动按钮 SB1 和传感器，输出设备为绿灯、黄灯和红灯，分配 PLC 输入/输出地址如项表 3－1 所示。

项表 3－1　物品统计监控 I/O 地址分配表

I	O
启动按钮　0000 传感器　0001	绿灯　0500 黄灯　0501 红灯　0502

用启动信号 0000 作为计数器的复位信号，为计数做好准备。每进库一件物品，传感器通过 0001 输入一个信号，计数器 CNT00、CNT01、CNT02 分别计数一次，CNT00 计数满 1 000 件时，其常开触点闭合，使绿灯点亮。CNT01 计数满 1 800 件时，其常闭触点断开，使绿灯熄灭；其常开触点闭合，使黄灯点亮；CNT02 计数满 2 000 件时，其常闭触点断开，使黄灯熄灭；其常开触点闭合，再与 1 s 时钟脉冲 1902 常开触点串联，实现红灯以 1 s 频率闪烁报警。

四、任务实施

根据以上分析，设计仓库物品统计监控梯形图如项图 3－3 所示。

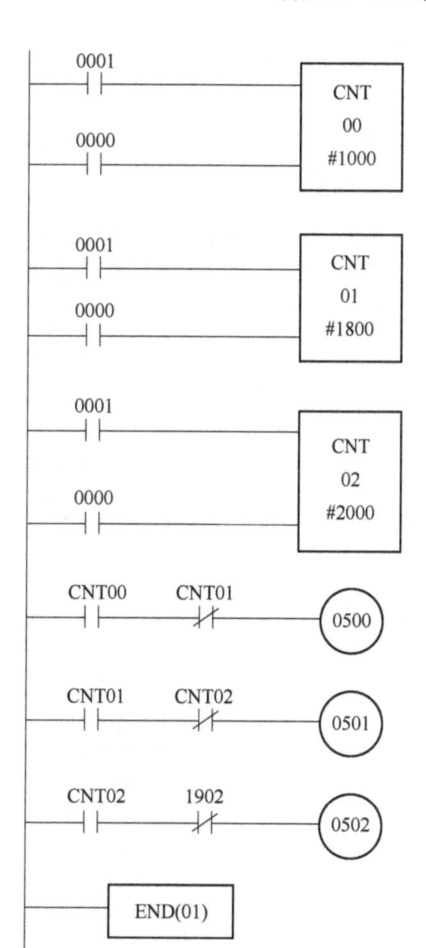

项图 3 - 3　进库物品统计监控梯形图

五、拓展练习

在习题 5 - 10 流水灯设计基础上，要求按下启动按钮 SB1 后，系统自动循环 3 次后停止。试设计梯形图。

任务六　彩灯循环点亮控制

一、任务目标

1. 掌握 PLC 编程的基本方法和技巧。
2. 掌握寄存器移位指令 SFT 的应用。
3. 掌握 PLC 功能指令的综合应用。

二、任务描述

有 6 盏彩灯 L1 ~ L6，呈一字形排列，其控制要求为：按下启动按钮 SB1 后，

6 盏灯依次亮 1 s，并循环。按下复位按钮 SB2 后，系统复位。

三、任务分析

根据控制要求得知，输入设备为 SB1、SB2；输出设备为灯 L1 ~ L6。分配 PLC 的 I/O 地址如项表 3－2 所示。

项表 3－2 彩灯控制 I/O 地址分配表

I	O
SB1 0000 SB2 0001	L1 0500 L2 0501 L3 0502 L4 0503 L5 0504 L6 0505

四、任务实施

按照控制要求及任务分析，设计抢答器的梯形图如项图 3－4 所示。

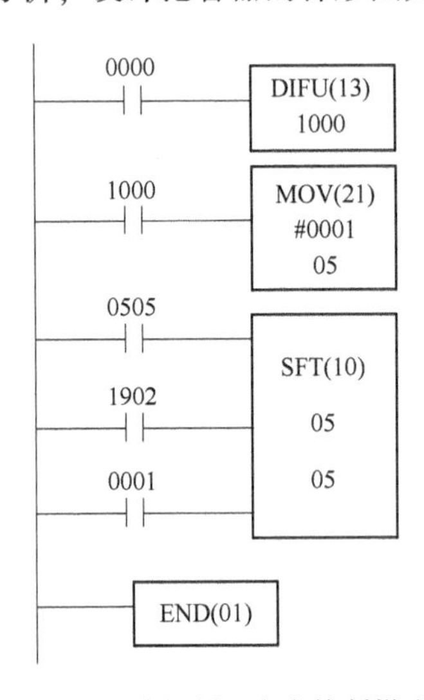

项图 3－4 彩灯循环点亮控制梯形图

程序分析：利用微分指令 DIFU 使传送指令 MOV 仅为 05CH 赋值一次。当按下启动按钮时，微分指令 DIFU 使 1000 接通一个扫描周期，在该周期内，传送指令 MOV 将常数 0001 送到 05CH，使 0500 为“1”，其他位为“0”，使对应的 L1 灯亮，其他灯灭。当 1 s 时钟脉冲 1902 上升沿到来时，寄存器移位指令 SFT 将 IN 端信号即 0505 状态（此时为“0”）送入 0500，使 L1 灯灭。同时，05CH 的各位依次向高位移位一次，使得“1”从 0500 移入 0501，对应 L2 灯亮。再过 1 s，1902 的上升沿再次到来时，又使得“1”从 0501 移入 0502，对应 L3 灯亮。依次类推，使得各灯依次亮 1 s。当最后一盏灯 L6 亮时，0505 的状态为“1”，

1902 上升沿再次到来时，SFT 的 IN 端将 0505 的“1”状态送入 0500，重新点亮 L1 灯。如此重复，实现 6 盏灯的循环点亮 1 s。按下复位按钮 SB2 时，0001 接通，其常开触点闭合，作为 SFT 的复位信号，使 05CH 各位复位，对应 6 盏灯熄灭。

五、拓展练习

有 7 盏灯呈环形排列，内环 L1，中环 L2、L3、L4，外环 L5、L6、L7。按下启动按钮 SB1，三环灯呈收缩状间隔 1 s 循环点亮，按下 SB2 后，全部复位。试设计梯形图。

项目四

电动机的 PLC 控制

任务七　三台电动机的顺序控制

一、任务目标

1. 掌握 PLC 的基本逻辑指令。
2. 掌握 PLC 编程的基本方法和技巧。
3. 掌握 PLC 控制电动机顺序启动的原理和方法。
4. 掌握定时器的使用。

二、任务描述

有 3 台三相异步电动机，控制要求为：按下启动按钮 SB1，电动机 M1 启动，50 s 后，电动机 M2 启动，30 s 后电动机 M3 启动；按下停止按钮 SB2 时，电动机无条件全部停止运行。交流接触器 KM1 控制电动机 M1，交流接触器 KM2 控制电动机 M2，交流接触器 KM3 控制电动机 M3。

三、任务分析

根据控制要求可知，输入设备为 SB1、SB2；输出设备为 KM1、KM2、KM3。分配 PLC 的 I/O 地址如项表 4－1 所示。这是时间的顺序控制问题，利用定时器进行分段延时，当定时器定时时间到时，利用定时器的常开触点作为下一台电动机的启动信号，来实现顺序控制的要求。

项表 4－1　三台电机顺序控制 I/O 地址分配表

I	O
SB1　0000 SB2　0001	KM1　0500 KM2　0501 KM3　0502

四、任务实施

设计三台电动机顺序控制的梯形图如项图 4－1 所示。

五、拓展练习

有 3 台三相异步电动机，控制要求为：按下启动按钮 SB1，第 1 台电动机启动 20 s 后，第 2 台电动机自行启动；第 2 台电动机启动 30 s 后，第 3 台电动机自

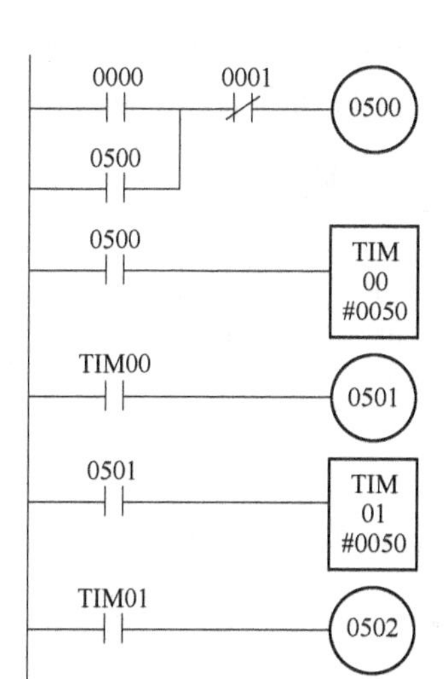

项图 4-1　三台电动机顺序控制梯形图

行启动；第 3 台电动机运行 40 s 后，3 台电动机同时停止。

任务八　电动机的循环正反转控制

一、任务目标

1. 掌握 PLC 编程的基本方法和技巧。
2. 掌握电动机循环正反转的程序设计方法。
3. 掌握振荡电路的使用。

二、任务描述

设计一个用 PLC 的基本逻辑指令来控制电动机循环正反转的控制系统，控制要求为：按下启动按钮 SB1，电动机开始运行：正转 3 s，暂停 2 s；再反转 3 s，暂停 2 s。如此循环 5 个周期，然后自动停止。运行中，可按停止按钮 SB2 使电动机停止；当过载时，热继电器 FR 动作，电动机也停止。KM1 为正转交流接触器，KM2 为反转交流接触器。

三、任务分析

根据控制要求可知，输入设备为 SB1、SB2、FR；输出设备为 KM1、KM2。分配 PLC 的 I/O 地址如项表 4-2 所示。

该控制是一个时间顺序控制，控制的时间用累积的定时方法；循环控制可用振荡电路来实现；循环的次数用计数器 CNT04 来完成计数。正转接触器 KM1 得电的条件为按下启动按钮 SB1，正转接触器 KM1 失电的条件为按下停止按钮 SB2 或热继电器 FR 动作或 TIM00 延时到或计数次数到；反转接触器 KM2 得电的条件为 TIM01 延时到，反转接触器 KM2 失电的条件为按下停止按钮 SB2 或热继电器

FR 动作或 TIM02 延时到或计数次数到。因此，在起保停电路的基础上，增加一个振荡电路和计数电路来实现电动机的循环正反转控制。

项表 4－2 循环正反转 I/O 地址分配表

I	O
SB1 0000 SB2 0001 FR 0002	KM1 0500 KM2 0501

四、任务实施

根据任务分析，设计电动机循环正反转控制梯形图如项图 4－2 所示。

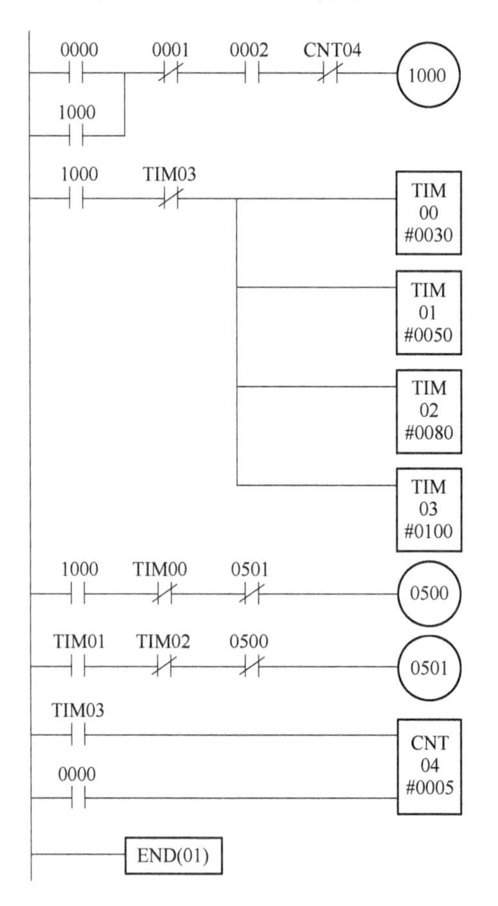

项图 4－2 电动机循环正反转控制

五、拓展练习

试设计一个既能自动循环正反转，又能点动正转和点动反转的电动机的控制系统。

第 6 章

PLC 控制系统的设计

6.1 PLC 控制系统设计的基本原则

设计任何一个 PLC 控制系统如同设计电气控制系统一样，其目的都是按照工艺要求控制被控对象（生产设备和生产过程），以提高生产效率和产品质量。因此，在设计 PLC 控制系统时，应遵循以下基本原则：

（1）PLC 的机型选择除了应满足有关技术指标的要求外，还应重点考虑该公司产品的技术支持与售后服务的情况。一般在国内应选择设计系统本地有着较方便的技术服务机构或较有实力的代理机构的公司产品，同时应尽量选择主流机型。

（2）最大限度地满足被控对象的控制要求。设计前，应深入现场进行调查研究，搜集资料，并与机械部分的设计人员和实际操作人员密切配合，共同拟订电气控制方案，协同解决设计中出现的各种问题。

（3）在满足控制要求的前提下，力求使控制系统简单、经济、使用及维修方便。

（4）保证控制系统的安全、可靠。

（5）考虑到生产的发展和工艺的改进，在选择配置 PLC 硬件设备时应适当留有一定的裕量。

对于不同用户的要求，设计的原则应有所不同。如果以提高产品产量和安全为主要目标，则应将系统可靠性放在设计的重点，甚至考虑采用冗余控制系统；如果系统是为了改善信息管理，则应将系统通信能力与总线网络设计加以强化。

6.2 PLC 控制系统设计的主要内容与步骤

6.2.1 PLC 控制系统设计的主要内容

PLC 控制系统是由 PLC 与用户输入、输出设备连接而成的，用以完成预期的控制目的与相应的控制要求。因此，PLC 控制系统设计的基本内容应包括以下几点。

（1）根据生产设备或生产过程的工艺要求，以及所提出的各项控制指标与经济预算，首先对方案进行总体设计，确定电控系统的工作方式，如是手动、半自动还是全自动；是单机运行还是多机连线运行等。此外，这个阶段还要确定电气系统的其他功能，例如紧急处理功能、故障与报警功能、通信联网功能等。

（2）根据控制要求基本确定数字I/O点和模拟量通道数，进行I/O点的初步分配，绘制I/O使用连线图。

（3）进行PLC系统配置设计，主要为PLC的选择。PLC是整个控制系统的核心部件，正确选择PLC对于保证整个控制系统的技术经济性能指标起着重要的作用。其中应包括对PLC机型的选择、容量的选择、I/O模块的选择等。

（4）选择用户输入设备（按钮、操作开关、限位开关、传感器等）、输出设备（继电器、接触器、信号灯等执行元件）以及由输出设备驱动的控制对象（电动机、电磁阀等）。

（5）设计控制程序。在深入了解与掌握控制要求、主要控制的基本方式以及应完成的动作、自动工作循环的组成、必要的保护和连锁等方面的情况之后，对比较复杂的控制系统，可用状态流程图的形式全面表达出来。必要时还可将控制任务分成几个独立的部分，这样可以简化复杂冗长的程序，有利于程序的调试。程序设计主要包括绘制系统流程图、设计梯形图、编制语句表程序清单。

控制程序是整个系统工作的基础软件，是保证系统工作正常、安全、可靠的关键。因此，设计的控制程序必须经过反复调试、修改、直到满足要求为止。

（6）必要时还需要设计控制台（柜）。

（7）编制控制系统的技术文件，包括说明书、电气图及电气元件明细表。

传统的电气图一般包括电气原理图、电器布置图及电气安装图。在PLC控制系统中，这一部分图统称为“硬件图”。它在传统电气图的基础上加了PLC部分，因此，在电气原理图中应增加PLC的I/O连接图。

另外，在PLC控制系统中的电气图中还应包括程序图（梯形图），通常称它为“软件图”。向用户提供“软件图”，可便于用户在生产发展或工艺改进时修改程序，并有利于用户在维修时分析和排除故障。

6.2.2 PLC控制系统设计的主要步骤

PLC控制系统设计流程图如图6-1所示，其主要步骤为：

1. 深入了解和分析被控对象的工艺条件和控制要求

（1）被控对象就是受控的机械、电气设备、生产线或生产过程。

（2）控制要求主要指控制的基本方式、应完成的动作、自动工作循环的组成、必要的保护和连锁等。对较复杂的控制系统，还可将控制任务分成几个独立部分，这种可化繁为简，有利于编程和调试。

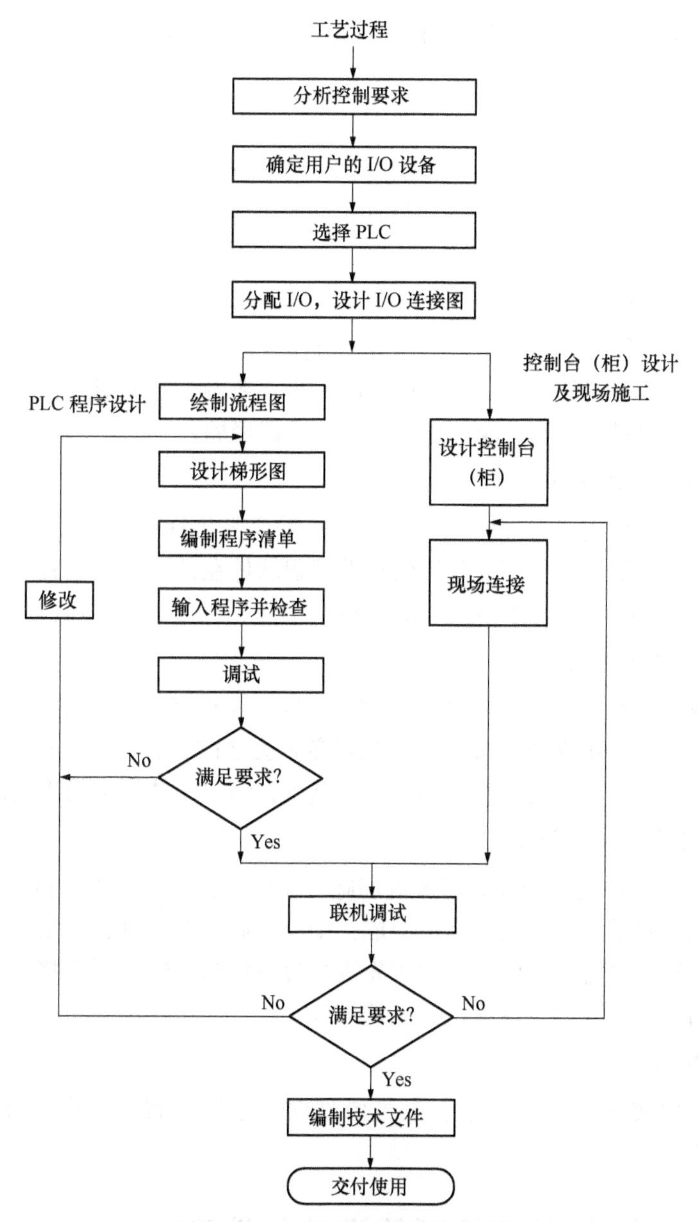

图 6－1　PLC 控制系统设计流程图

2. 确定 I/O 设备

根据被控对象对 PLC 控制系统的功能要求，确定系统所需的用户输入、输出设备。常用的输入设备有按钮、选择开关、行程开关、传感器等，常用的输出设备有继电器、接触器、指示灯、电磁阀等。

3. 选择合适的 PLC 类型

根据已确定的用户 I/O 设备，统计所需的输入信号和输出信号的点数，选择合适的 PLC 类型，包括机型的选择、容量的选择、I/O 模块的选择、电源模块的选择等。

4. 分配 I/O 点

分配 PLC 的输入/输出点，编制出输入/输出分配表或者画出输入/输出端子的接线图。接着可以进行 PLC 程序设计，同时可进行控制柜或操作台的设计和现场施工。

5. 设计应用系统梯形图程序

根据工作功能图表或状态流程图等设计出梯形图即编程。这一步是整个应用系统设计的最核心工作，也是比较困难的一步，要设计好梯形图，首先要十分熟悉控制要求，同时还要有一定的电气设计的实践经验。

6. 将程序输入 PLC

当使用简易编程器将程序输入 PLC 时，需要先将梯形图转换成指令助记符，以便输入。当使用可编程序控制器的辅助编程软件在计算机上编程时，可通过上下位机的连接电缆将程序下载到 PLC 中去。

7. 进行软件测试

程序输入 PLC 后，应先进行测试工作。因为在程序设计过程中，难免会有疏漏的地方。因此，在将 PLC 连接到现场设备上去之前，必须进行软件测试，以排除程序中的错误，同时也为整体调试打好基础，缩短整体调试的周期。

8. 应用系统整体调试

在 PLC 软硬件设计和控制柜及现场施工完成后，就可以进行整个系统的联机调试，如果控制系统是由几个部分组成，则应先做局部调试，然后再进行整体调试；如果控制程序的步序较多，则可先进行分段调试，然后再连接起来总调。调试中发现的问题，要逐一排除，直至调试成功。

9. 编制技术文件

系统技术文件包括说明书、电气原理图、电器布置图、电气元件明细表、PLC 梯形图。

6.3 PLC 控制系统的硬件设计与选型

对于工艺过程比较固定、环境条件较好、维修量较小的场合，往往选用整体式结构的 PLC 机型较好。反之，应考虑选用模块单元式机型。机型选择的基本原则应是在功能满足要求的前提下，保证可靠、维护、使用方便以及最佳的性价比。具体应该考虑以下几个方面的要求。

1. 性能与任务相适应

对于开关量控制的应用系统，当对控制速度要求不高时（如对小型泵的顺序控制、单台机械的自动控制等），可选用小型PLC如OMRON公司的CPM2A型PLC或三菱FX2N型PLC。

对于以开关量控制为主，还带有部分模拟量控制的应用系统，如工业生产中常遇到的温度、压力、流量、液位等连续量的控制，应选用带有A/D转换的模拟量输入模块和带有D/A转换的模拟量输出模块，配接相应的传感器、变送器（对温度控制系统可选用温度传感器直接输入的温度模块）和驱动装置，并且选择运算功能较强的小型PLC（如OMRON公司的CQM型PLC）。特别应提出的是，西门子公司的S7－200系列微型PLC在进行小型数字——模拟混合系统控制时具有较高的性能价格比，实施起来也较方便。

对于比较复杂、控制系统功能要求较高的，如需要PID调节、闭环控制、通信联网等功能时，可选用中、大型PLC，如OMRON公司的C200H、C10000H、西门子公司的S7－300、S7－400或三菱公司的Q、A系列PLC等。当系统的各个部分分布在不同的地域时，应根据各部分的要求来选择PLC，以组成一个分布式的控制系统，可考虑选择MODICON的QUANTUM系列PLC产品。

2. PLC的处理速度应满足实时控制的要求

PLC工作时，从输入信号到输出信号控制存在着滞后现象，即输入量的变化，一般要在1～2个扫描周期之后才能反映到输出端，这对于一般的工业控制是允许的，但有些设备的实时性要求较高，不允许有较大的滞后时间。通常PLC的I/O点数在几十到几千点范围内，用户应用程序的长短也有较大差别，但滞后时间一般控制在几十毫秒之内（相当于普通继电器的动作时间）。改进实时速度的途径有以下几种方式：

（1）选择CPU处理速度快的PLC，使执行一条基本指令的时间不超过0.5μs；

（2）优化应用软件，缩短扫描周期；

（3）采用高速响应模块，其响应的时间不受PLC扫描周期的影响，而取决于硬件的延时。

3. PLC机型尽可能统一

一个大型企业，应尽量做到机型统一。同一机型的PLC，其模块可互为备用，便于备品备件的采购和管理。这不仅使模块通用性好、减少备件量，而且给编程和维修带来极大的方便，也给扩展系统升级留有余地。其功能及编程功能方法统一，有利于技术力量的培训、技术水平的提高和功能的开发；其外部设备通用，可使资源可共享，配以上位计算机后，可把控制各独立系统多台PLC连成一个多级分布式控制系统，以至于可以相互通信、集中管理。

4. 指令系统

由于PLC应用的广泛性，各种机型所具备的指令系统也不完全相同。从工程应用角度看，有些场合需要逻辑运算，有些场合需要复杂的算术运算，而另一些特殊场合还需要专用指令功能。从 PLC 本身来看，各个厂家的指令系统的差异较大，但从整体上来说，指令系统都是面向工程技术人员的语言，其差异主要表现在指令表达方式和指令的完整性上。有些厂家的逻辑指令方面开发得较细。在选择机型时，从指令系统方面应注意下述内容：

（1）系统的总语句数。这一点反映了整个指令所包括的全部功能。

（2）指令系统的种类。主要包括逻辑指令、运算指令和控制指令。具体的需求与实际要完成的控制的功能有关。

（3）指令系统的表达方式。指令系统表达方式有多种，有的包括梯形图、高级语言等多种表达方式，有的只包括其中一种或两种表达方式。

（4）应用软件开发手段。在考虑指令系统这一性能时，还要考虑软件的开发手段。一般的厂家对 PLC 都配有专用的编程器，提供较强的软件开发手段。有的厂家在此基础上还开发了专用软件，可利用通用的微机（如：IBM－PC）作为软件开发的手段，这样就更加方便了用户的需要。

5. 选择合理的结构形式

对于整体结构式的 PLC，其每一个 I/O 点的平均价格都比模块式的便宜，且体积相对比较小，所以一般用于系统工艺过程较为固定的系统中；而模块式 PLC 的功能扩展灵活方便，在 I/O 点数、I/O 模块的种类等方面，选择余地大。维修时只需更换模块，同时故障判断也很方便。因此，模块式 PLC 一般用于较复杂的系统和工作环境较差的场合。

6. 机型选择的其他考虑

在考虑以上的一些性能后，还要根据工程应用实际考虑的一些因素。包括：

（1）性价比。毫无疑问，高性能的机型必然需要较高的价格。在考虑满足需要的性能后，还要根据工程的投资状况来确定选用的机型。

（2）备品备件的统一考虑。无论什么样的设备，投入生产后都要具有一定数量的备品备件。在系统硬件设计时，对于一个工厂来说，应尽量选用与原有设备统一的机型，这样就可减少备品备件的种类和资金的积压。同时还要考虑备品备件的来源，所选机型要有可靠的订货渠道。

（3）技术支持。选择机型还要考虑是否有可靠的技术支持。这些支持包括必要的技术培训、设计指导、安装调试、系统维修等方面的内容。

总之，在选择系统机型时，按照 PLC 本身的性能指标对号入座，选择出合适的系统。有时这种选择并不是唯一的，需要在几种方案中综合各种因素使其能有机的结合在最终的选择。

7. 是否采取在线编程

PLC 的编程分为离线编程和在线编程两种。小型 PLC 一般使用简易的编程器，它必须插在PLC上才能进行编程操作，其特点是编程器与PLC共用一个CPU，在编程器上有一个“运行/监控/编程（RUN/MONITOR/PROGRAM）”选择转换开关。当程序编好后把选择开关转换到“运行RUN”的位置，CPU则去执行用户程序，对系统进行实时控制。简易编程器结构简单、体积小、携带方便，很适合在生产现场调试、修改程序用。

在线编程的PLC，其特点是主机和编程器各有一个CPU，编程器的CPU可以随时处理由键盘输入阻抗的各种编程指令。主机的CPU则是完成对现场的控制，并在一个扫描周期的末尾和编程器通信。编程器把编好或改好的程序发送给主机，在下一个扫描周期，主机将按照新送入的程序控制现场，这就是所谓的在线编程。此类PLC，由于增加了硬件和软件，所以价格较贵，但应用领域较宽。大型PLC多采用在线编程。图形编程器或者个人计算机与编程软件包配合可实现在线编程。PLC和图形编程各有自己的CPU，编程器的CPU可随时对键盘输入的各种编程指令进行处理；PLC的CPU主要完成对现场的控制，并在一个扫描周期的末尾与编程器进行通信，编程器将编好或修改好的程序发送给PLC，在下一个扫描周期，PLC将按照修改后的程序或是参数进行现场控制，这样可以实现在线编程。图形编程器价格较贵，但是它功能强，适应的范围广，而且相当灵活方便。不仅可以用指令语句编程，还可以直接用梯形图编程，同时也可以存入磁盘或用打印机打印出梯形图和指令程序。一般大中型PLC多采用图形编程器。使用个人计算机进行在线编程，可以省去图形编程器，但需要编程软件包的支持，其功能类似于图形编程器。

6.4　PLC控制系统的软件设计

1. 软件设计的主要步骤

PLC软件设计，一般分为以下几个步骤：

1）程序设计前的准备工作

程序设计前准备工作大致可分为三个主要方面：

（1）了解系统概况，形成整体概念。这一步工作主要是通过系统设计方案和软件规格说明书，了解控制系统的全部功能、控制规模、控制方式、输入和输出信号的种类的数量、是否有特殊功能接口、与其他设备关系、通信内容与方式等。如果没有对整个控制系统的全面了解，就不能对各种控制设备之间的相互联系有真正的理解，并造成想当然地进行程序编制，这样的程序肯定是无法实际运行的。

（2）熟悉被控对象，编制高质量的程序。这一部分的工作是通过熟悉生产工艺说明书和软件规格说明书来进行的。可把控制要求根据控制功能分类，并确定输入信号和控制信号形式、功能、规模，它们之间的关系和预见以后可能出现的问题，使程序设计有的放矢。在熟悉被控对象的同时，还要认真借鉴前人设计中的经验和教训，总结各种问题的解决方法。总之在程序设计前，掌握的东西多，对问题思考得越深入，程序设计就会越顺利。

(3) 充分地利用各种软件编程环境。目前各 PLC 主流产品都配置了功能强大的编程环境，如西门子公司的 STEP7、MODICON 公司的 COPNCEPT、三菱公司的 GX Doveloper 软件等，在很大程度上减轻了软件编制的工作强度，提高了编程效率和质量。

2) 程序框图设计

这项工作主要是根据软件设计规格书的总体要求和控制系统的具体情况，确定用户程序的基本结构、程序设计标准结构框图，然后再根据工艺要求，绘制出各个功能单元的详细功能框图。系统程序框图应尽量做到模块化，一般最好按功能采取模块化设计方法，因此，相应的框图也应依此绘制，并规定其各自应完成的功能，然后再绘制各模块内部的细化功能图。框图的编程的主要依据要尽可能的准确，细化功能图尽可能地详细。如果框图是由别人设计的，一定要设法弄清楚其设计的思想和方法。完成这部分工作之后就会对系统的全部程序设计的功能实现具有了一个整体的思想。

3) 编写程序

编写程序就是根据设计出的框图与细化功能图编写控制程序，这是整个程序设计工作的核心部分。如果有编程支持软件应尽量使用。在编写程序过程中，可以借鉴现代化的标准程序，但必须能读懂这些程序段，否则将会给后续工作带来困难和损失。另外，编写程序过程中要及时对编写出的程序进行注释，以免忘记它们之间的相互关系。

4) 程序测试

程序测试是整个程序设计工作中一项很重要的内容，它可以初步检查程序的实际效果。程序测试和程序编写分不开，程序的许多功能是在测试中得以修改和完善的。测试可以按照功能单元进行，各功能单元达到要求后再进行整体测试。程序测试可以离线进行，有时还需要在线进行，在线进行一般不允许直接与外围设备连接，以免重大事故发生。

5) 编写程序说明书

程序说明书是程序设计的综合说明。编写程序说明书的目的是便于程序设计者和现场工程技术人员进行程序调试与修改，它是程序文件的组成部分。程序说明书一般应包括程序设计的依据、程序的基本结构、各功能单元分析、各参数的来源与设定、程序设计与调试的关键点等。

PLC 程序设计流程如图 6-2 所示。

2. 程序设计方法

1) 经验法设计程序

经验设计法是在一些典型控制单元电路的基础上，采用许多辅助继电器来完成记忆、连锁、互锁等功能。程序需经过反复的修改和完善才能符合要求。此设计方法没有规律可以遵循，具有很大试探性和随意性，程序的调试花费时间长。最后编出的程序因人而异且并不规范，主要依赖设计者的经验。

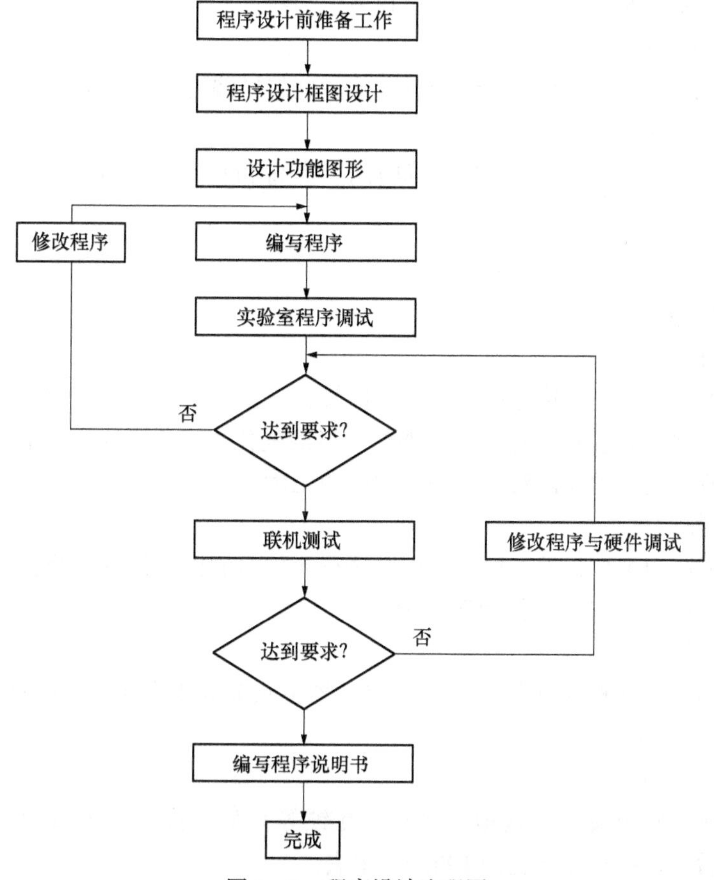

图 6－2　程序设计流程图

由于经验设计法设计的程序不规范，给使用和维护带来不便，尤其对控制系统的改进将带来困难。经验设计法一般仅适用于简单的梯形图设计。

2）顺序功能图法

功能图设计程序的方法易被初学者接受，设计的程序规范、直观、易阅读，也便于修改和调试。用功能图设计程序时采用步进指令、移位寄存器指令可以使程序的编制更加简便。

3. 程序的质量

程序的好坏直接影响控制系统的控制效果，可以从如下几个方面判断程序的好坏。

1）程序的正确性

正确的程序必须能经得起系统运行实践的考验。

2）程序的可靠性

能保证系统在正常和非正常（短时掉电、某些被控量超标、某个环节有故障等）情况下都能安全可靠地运行。能保证在出现非法操作（如按动或误触动了不该动作的按钮等）情况下不至于出现系统失控。

3）参数的易调整性好

经常修改的参数，在程序设计时必须考虑怎样编写才能易于修改。

4）程序结构简练

简练的程序，可以减少程序扫描时间、提高 PLC 对输入信号的响应速度。

5）程序的可读性好

4. 程序的调试与试运行

1）程序的检查

2）模拟运行

通过手动操作开关接通或断开输入信号，来模拟各种机械动作使检测元件状态发生的变化，通过 PLC 输出端状态指示灯的变化观察程序执行的情况，并与执行元件应该完成的动作做对比，判断程序的正确性。

3）实物调试

采用现场的主令元件、检测元件及执行元件组成模拟控制系统，检验、检测元件的可靠性及 PLC 的实际负载能力。

4）现场调试

对一些参数（检测元件的位置、定时器的设定常数等）进行现场的整定和调整。

5）投入运行

检查所有安全措施（接地、保护、互锁等）后，投入系统试运行。试运行一切正常后，再把程序固化到 EPROM 中去。

6.5 PLC 的安装与接线

6.5.1 PLC 的安装

1. 安装方式的选择

PLC 的安装方式可分为集中式、远程式和多台联网分布式。集中式不需要设置驱动远程 I/O 硬件、系统反应快、成本低。而大型系统经常采用远程 I/O 式，其装置分布范围很广。对于多台联网的分布式控制，采用多台设备分别独立控制且相互之间采用通信联系方式时，则要选择有较强的通信功能的小型机。

2. 安装位置要求

可编程控制器安装必须选择符合本地区电气标准的可编程控制器外罩。为避免附近控制屏或电气装置产生的干扰，安装时应满足下列条件：

（1）采用封闭的防尘箱。

（2）与高频设备安装在一起时，其外罩必须接地。

（3）不要把可编程控制器与高压设备安装在同一罩壳里。

（4）尽可能远离高压线和动力线路。

（5）不要把可编程控制器安装在发热源的上面。

（6）垂直安装可编程控制器，保证空气能最大限度流动，同时防止脏物从通风道掉入机内。

3. 安装环境要求

（1）环境温度：0 ℃ ~55 ℃；相对湿度：35% ~85%（无凝固）。

（2）应防止周围粉尘大量侵入，特别是盐类、金属粉末等（可编程序控制器不是防尘防水结构）。

（3）避免安装在异常振动或冲击场所，避免阳光直射。

（4）不能和产生强干扰的设备使用同一电源。

（5）不能装在强电场、磁场环境。

在安装CPU和扩展单元时，若两者水平安装，CPU必须在I/O扩展单元的左边；若两者垂直安装，CPU必须在I/O扩展单元的上边。其各单元之间应留有足够的间隙。

4. 安装注意事项

虽然PLC有较强的抗干扰能力，但安装时，仍要考虑其抗干扰问题，进一步提高系统的可靠性。

（1）可编程序控制器电源应选用双绞线，线径 >2 mm。如选用扩展单元，主机和扩展单元要共用一个开关，即同时上电或断电。

（2）可编程序控制器接地端一般不接地。若需要接地，应接专用地线。按标准线径2 mm（螺钉4 mm），接地电阻≤10 Ω，接地点应靠近可编程序控制器。

（3）输入信号线长度不要超过30 m。输入、输出走线要分开，并与动力线保持200 mm以上距离。

（4）可编程序控制器若直接安装在金属板上，底部应垫绝缘层，以防干扰。

（5）紧急停止线路应在可编程序控制器输出电路的外部切断。

（6）调试时，不能带电插拔编程器和电缆，防止损坏器件。

（7）可编程控制器负载电源要外接，并加快速熔断器保护。

（8）当可编程控制器带上感性负载时，在输出继电器断开瞬间，电感上会感应几千伏的高压反电动势，引起触点产生电火花，这样既易损坏可编程控制器输出继电器，又会产生可编程控制器内部干扰。所以感性负载拉弧严重时建议增加浪涌吸收电路。

6.5.2 PLC 的接线

1. 电源的接线

一般情况下，可编程控制器的输入端和输出端不采用同一种电源。

常见的可编程序控制器需直流 24 V，交流 200 ~ 240 V 电源。在可能的情况下，对可编程序控制器系统的输入装置、输出负载、CPU 和扩展 I/O 单元可采用单独的电源供电，如图 6 - 3 所示。

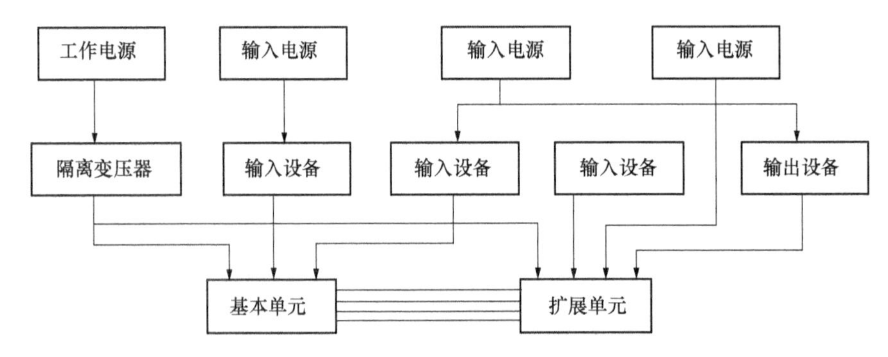

图 6 - 3　电源的接线

接地线至少要用 2 mm^2 的专用地线与 GR 端（主机面板上的端子）连接，接地阻抗一定小于 100 Ω，接地线的长度不要超过 20 m。LG 端（主机面板上的端子）是噪声滤波的中性端子，通常不要求接地，但是当电气干扰成为一个影响主机正常工作的问题时，这个端子应该与 GR 端短接在一起。如果地线和其他设备一起共用，或者将接地短接在一个建筑物的大金属结构上，可编程序控制器可能会受到不利的影响。

为了防止干扰经电源线或输入端口窜入可编程序控制器内部，接线应按图 6 - 4（a）所示，图 6 - 4（b）接线方式应禁止采用。

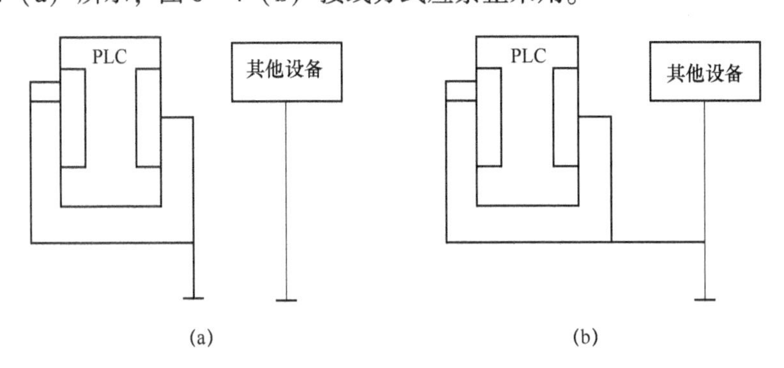

图 6 - 4　电源的接线

（a）正确接线方法；（b）错误接线方法

2. 输入端的接线

输入端接线是通过外部设备（一般是触点），将额定电压加到可编程序控制器输入端和与其对应的 COM 端上，其接线如图 6－5 所示。图中外部设备可以是手动开关、行程开关、继电器（或接触器）触点，各种传感器的触点等。电压根据可编程序控制器机型而确定。

3. 输出端的接线

输出端接线是由输出负载与电源 E 串联接在可编程序控制器输出端和与其对应的 COM 端上，其接线如图 6－6 所示。图中负载一般是接触器的线圈，也可以是其他执行电器。电源应由可编程序控制器的三种输出方式和负载决定。

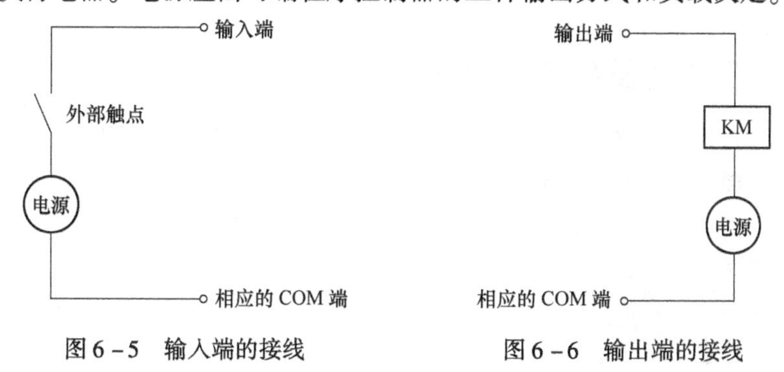

图 6－5　输入端的接线　　　图 6－6　输出端的接线

常见的输出方式分别是继电器输出、晶体管输出、晶闸管输出。

（1）继电器输出方式要求负载电源一般为交流 220 V 或直流 24 V。

（2）晶体管输出方式要求负载电源一般为交流直流 5～24 V。

（3）晶闸管输出方式要求负载电源一般为交流 100～120 V 或直流 200～240 V。

当使用晶体管输出时，负载电源（直流）的负极接对应的公共输出端 COM。

习　　题

6－1　PLC 控制系统设计的原则有哪些？

6－2　简述 PLC 控制系统设计的步骤。

6－3　PLC 的选型应该注意哪些问题？

第 7 章

PLC 控制系统应用举例

7.1　装卸料小车的运行控制

7.1.1　工作过程及控制要求

在很多自动化生产线上，装卸料小车的应用非常广泛。如图 7－1 所示的装卸料小车，要求能够自动循环运料。

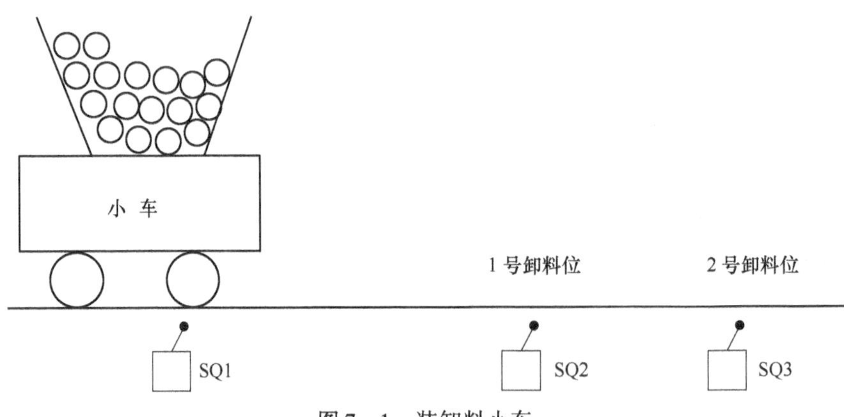

图 7－1　装卸料小车

1. *初始状态*

初始状态小车处于起始位置 SQ1 处。

2. *启动控制*

按下启动按钮 SB1，系统启动，开始按下述要求动作：

（1）小车在起始位置 SQ1 开始装料，30 s 后完成装料。

（2）完成装料后，小车向右运行到 SQ2 位置时，开始第一次卸料，15 s 后完成卸料。

（3）小车卸料后返回到起始位置 SQ1，再用 30 s 进行装料。

（4）装料后小车向右运行到 SQ3 位置，开始第二次卸料，15 s 后卸料完成，返回到起始位置 SQ1。至此，完成一个周期的运行，以后重复上述过程。

（5）只要没按下停车按钮 SB2，则自动开始下一个操作周期。

3. 停止控制

按下停止按钮 SB2，完成当前操作周期后，停止工作。

7.1.2　I/O 地址分配表及 PLC 外部接线图

分析装卸料小车的工作过程及控制要求可知，该控制系统的输入设备有 5 个：启动按钮 SB1、停止按钮 SB2、行程开关 SQ1、SQ2、SQ3；系统的输出设备有 2 个：控制小车左行和右行的电动机接触器 KM1、KM2。由此分配 I/O 地址如表 7－1 所示。

表 7－1　I/O 地址分配表

I			O		
设备	地址	功能说明	设备	地址	功能说明
SB1	0000	启动按钮	KM1	0500	小车右行接触器
SB2	0001	停止按钮	KM2	0501	小车左行接触器
SQ1	0002	起始位置行程开关			
SQ2	0003	1 号卸料位行程开关			
SQ3	0004	2 号卸料位行程开关			

根据 I/O 地址分配，可画出 PLC 的实际接线如图 7－2 所示。

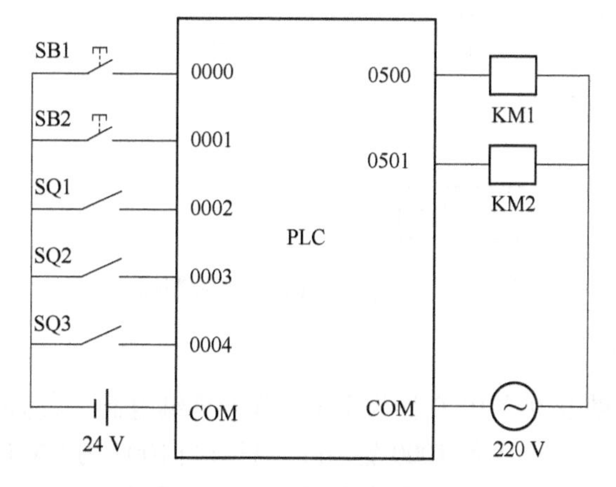

图 7－2　PLC 外部接线示意图

7.1.3　设计梯形图程序

根据装卸料小车的工作循环过程可知，当小车第一次到达 SQ2 位置时要改变运行方向，而第二次和第三次到达 SQ2 时，不改变运行方向，可以用计数器的计数功能来决定到达 SQ2 时是否要改变运行方向，用定时器来记录装料和卸料时间。根据以上分析，设计出 PLC 控制程序如图 7－3 所示。

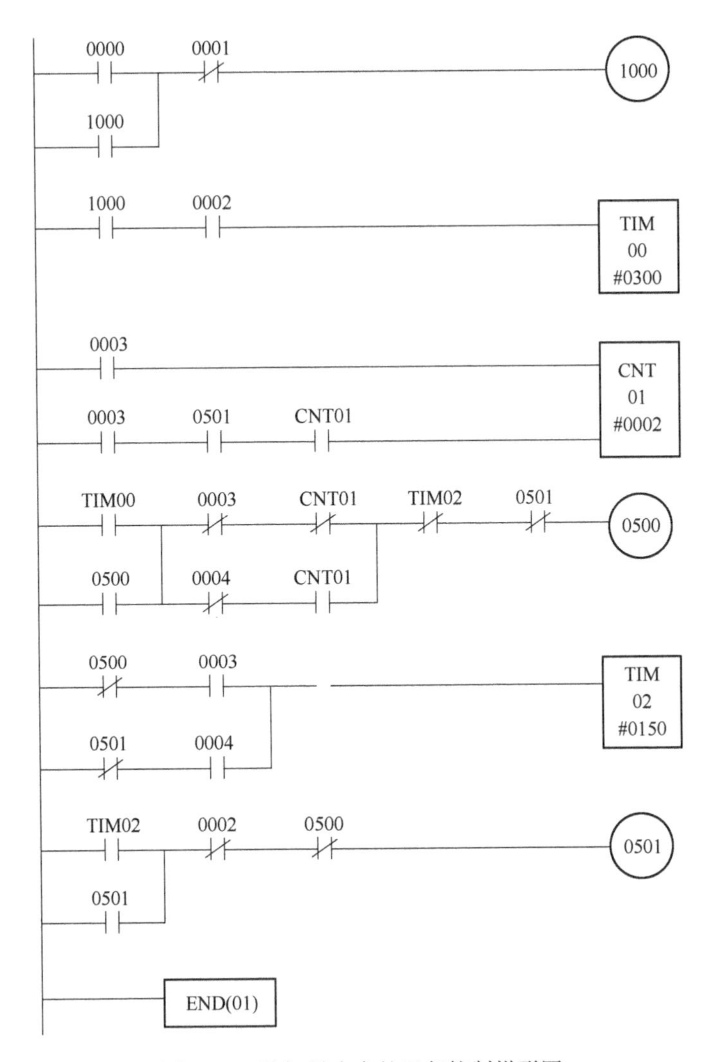

图 7-3　装卸料小车的运行控制梯形图

程序说明如下：

（1）中间辅助继电器 1000 作为系统工作允许继电器。启动按钮 0000 使 1000 置“ON”，停车按钮 0001 使 1000 置 OFF。只有当 1000 为 ON 时，运料小车才开始循环工作，当 1000 为 OFF 时，小车回到起始位置后，停止工作。

（2）小车位于初始位置 SQ1 时，开始装料，30s 后定时器 TIM00 定时时间到，其常开触点接通，使 0500 得电并自锁，小车持续向右运行。一旦小车离开初始位置 SQ1，SQ1 即由 ON 变为 OFF，输入继电器 0002 常开触点复位断开，使定时器 TIM00 复位，其常开触点断开。

（3）小车向右行至 SQ2 时，SQ2 为 ON，输入继电器 0003 接通，其常开触点闭合，使计数器 CNT01 计数一次，设定值由 2 减为 1。同时，输入继电器 0003

常闭触点断开，使0500失电，小车停止运行，开始第一次卸料。0500常闭触点复位闭合，启动定时器TIM02，开始15 s的卸料定时。

（4）当卸料完成，即TIM02的15 s定时时间到时，其常开触点闭合，使0501接通并自锁，运料小车变为左行。

（5）当小车左行返回到初始位置SQ1时，SQ1接通，输入继电器0002常开触点接通，定时器TIM00重新定时，小车开始第二次装料，30 s后完成装料，TIM00常开触点闭合，使0500接通，小车右行，此时过程与第一次相同。但当小车到达SQ2时，0003接通，计数器CNT01又计数一次，使设定值再次减1变为0，其常开触点接通，保证0500继续得电，小车得以继续右行，直至到达SQ3位置，SQ3接通，使输入继电器0004常闭触点断开，导致0500失电，小车停止运行，开始第二次卸料。同时，0004常开触点闭合，再次启动定时器TIM02，开始15 s卸料定时。

（6）当卸料完成，即定时器TIM02定时15 s时间到时，其常开触点闭合，0501接通并自锁，小车开始左行返回。当行至SQ2位置时，0003、0501及CNT01常开触点均是闭合的，因此，发出复位信号，使计数器CNT01复位，为下一个周期工作做好准备。当小车返回初始位置SQ1时，又进入下一个工作周期，由此不断循环运行。

（7）在0500和0501线圈回路串联对方的常闭触点，实现小车的左行和右行连锁控制，提高系统可靠性。

7.2 液体混合装置的自动控制

在实际生产中，物料的混合操作是不可避免的。为了提高生产效率，一般要求物料混合装置自动化程度高，物料能够充分混合，还要能够适应恶劣的工作环境。使用PLC来进行控制可以满足这些生产控制要求。

7.2.1 工艺过程及控制要求

以两种液体的混合控制为例，其混合装置示意图如图7－4所示。

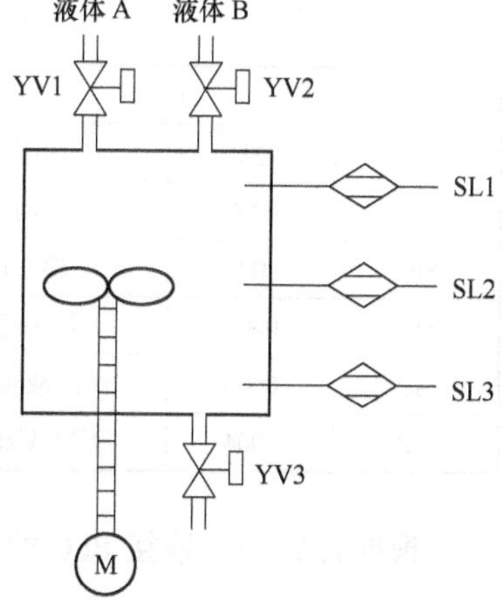

图7－4 两种液体混合装置

SL1、SL2、SL3为液位传感器，分别为上限、中限、下限控制，当液面淹没时为ON，其触点接通；YV1、YV2、YV3为电磁阀，YV1、YV2为液体A和液体B注入阀门，YV3为混合液流出阀门；M为搅拌电动机。该液体混合装置工艺过程及控制要求如下：

1. 初始控制

装置投入运行时，液体注入阀门 YV1、YV2 关闭，混合液流出阀门 YV3 打开 5s 将容器放空后关闭。

2. 启动控制

按下启动按钮 SB1，开始按下述要求动作：

（1）液体 A 阀门 YV1 打开，液体 A 流入容器。

（2）当液面到达中限 SL2 时，关闭液体 A 阀门 YV1，打开液体 B 阀门 YV2，液体 B 流入容器。

（3）当液面到达上限 SL1 时，关闭液体 B 阀门 YV2。同时，启动搅拌电动机 M，开始搅拌混合液。

（4）搅拌 30 s 后，混合液搅拌均匀，停止搅动。同时，打开混合液流出阀门 YV3，开始放出混合液。

（5）当混合液下降到下限 SL3 时，SL3 由 ON 变为 OFF，再经过 5 s 后，容器放空，混合液流出阀门 YV3 关闭，完成一个操作周期。

（6）只要没按下停止按钮 SB2，则自动开始下一个操作周期。

3. 停止控制

按下停止按钮 SB2，完成当前操作周期后，停止工作。

7.2.2 I/O 地址分配表及 PLC 外部接线图

分析工艺过程及控制要求可知，该控制系统的输入设备有 5 个：启动按钮 SB1、停止按钮 SB2、液位传感器 SL1、SL2、SL3；系统的输出设备有 4 个：电磁阀 YV1、YV2、YV3，控制电动机的接触器 KM。由此分配 I/O 地址如表 7－2 所示。

表 7－2 I/O 地址分配表

I			O		
设备	地址	功能说明	设备	地址	功能说明
SB1	0000	启动按钮	KM	0500	搅拌电动机接触器
SB2	0001	停止按钮	YV1	0501	液体 A 注入电磁阀
SL1	0002	上限液面传感器	YV2	0502	液体 B 注入电磁阀
SL2	0003	中限液面传感器	YV3	0503	混合液流出电磁阀
SL3	0004	下限液面传感器			

根据表 7－2，连接 PLC 的外部接线如图 7－5 所示。

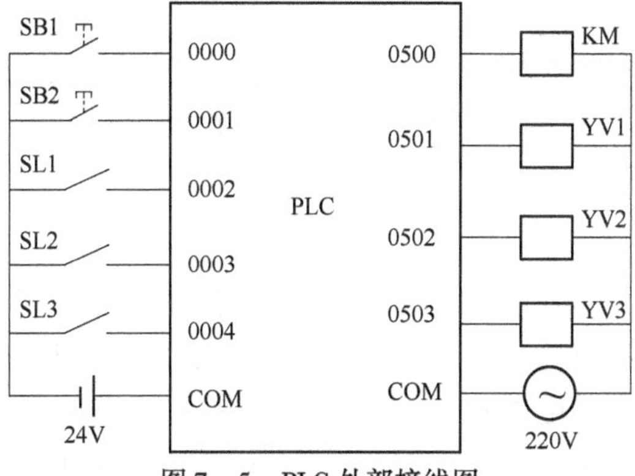

图7-5 PLC外部接线图

7.2.3 设计梯形图程序

根据控制系统工艺流程及控制要求，设计出PLC控制程序如图7-6所示。

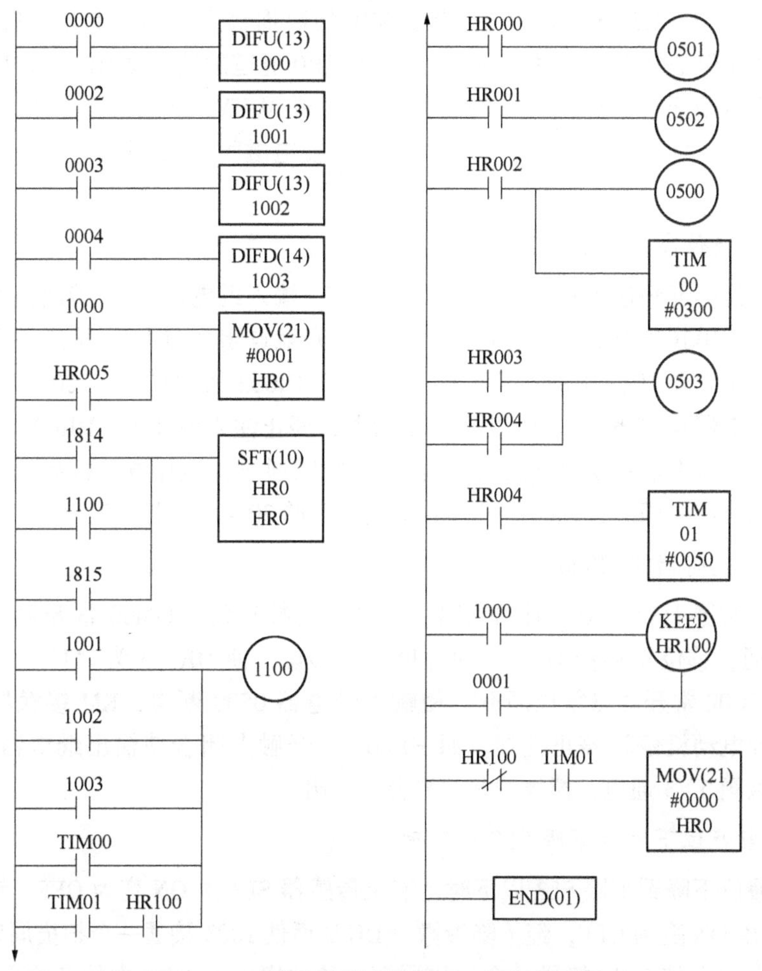

图7-6 两种液体混合装置PLC控制梯形图

程序说明如下：

该程序主要利用移位寄存器指令 SFT 来实现对各个工序的控制，并用微分指令将启动按钮信号和三个液位传感器信号均转换成窄脉冲，以作为 SFT 指令的脉冲信号。

1. 启动控制

按下启动按钮 SB1 时，经微分指令 DIFU 使 1000 接通一个扫描周期，执行传送指令 MOV，将移位通道 HR0 的最低位 HR000 置“1”，其他位为“0”。HR000 常开触点闭合使输出继电器 0501 接通，电磁阀 YV1 通电打开，液体 A 注入容器。在按下启动按钮 SB1 同时，KEEP 指令使保持继电器 HR100 接通并锁存。

2. 当液位高度上升到中限 SL2 时

当液位高度上升到中限 SL2 时，SL2 为 ON，输入继电器 0003 接通，1100 作为移位寄存器 SFT 的移位脉冲信号，此时进行移位，使 HR0 通道中的各位依次向高位移一位，HR001 为“1”。由于 SFT 的数据输入端信号为常 OFF 继电器 1814，从而保证每次移位时均将“0”送入 HR0 通道的最低位 HR000。HR000 常开触点复位断开，输出继电器 0501 失电使电磁阀 YV1 断电，停止注入液体 A。而 HR001 为“1”使输出继电器 0502 接通，使电磁阀 YV2 通电打开，液体 B 注入容器。

3. 当液位高度到达上限 SL1 时

当液位高度到达上限 SL1 时，SL1 为 ON，输入继电器 0002 接通，经微分指令 DIFU 使 1001 接通一个扫描周期，1001 常开触点闭合使 1100 接通一个扫描周期。移位寄存器 HR0 中的各位再移一位，使 HR002 为“1”，HR001 变为“0”，使输出继电器 0502 断开，电磁阀 YV2 断电，停止注入液体 B。HR002 常开触点闭合使输出继电器 0500 接通，接触器 KM 线圈通电，搅拌电动机启动运转，开始搅拌混合液。同时，定时器 TIM00 接通，开始 30 s 的搅拌定时。

4. 当定时器 TIM000 30 s 时间到时

当定时器 TIM00 30 s 时间到时，混合液搅拌均匀，TIM00 常开触点闭合使 1100 接通，移位寄存器 HR0 中的各位再次移位，使 HR003 为“1”，HR002 为“0”，HR002 常开触点复位断开，使输出继电器 0500 断电，KM 接触器线圈断电，搅拌电动机停转停止搅拌。而 HR003 常开触点闭合使输出继电器 0503 接通，电磁阀 YV3 通电，搅拌均匀的混合液流出。

5. 当液位下降到下限 SL3 以下时

当液位下降到下限 SL3 以下时，液位传感器 SL3 由 ON 变为 OFF，输入继电器 0004 由 ON 变为 OFF，经下降沿微分 DIFD 后使 1003 接通一个扫描周期，1003 常开触点闭合使 1100 接通一个扫描周期，移位寄存器 HR0 中的各位再次移位，

HR004 为“1”，其常开触点闭合，控制 0503 继续通电，从而使电磁阀 YV3 继续通电打开以向外排放混合液。同时，又启动定时器 TIM01 开始余液 5 s 的排放定时。

6. 当定时器 TIM01 定时 5 s 时间到时

当定时器 TIM01 5 s 定时时间到时，余液排净，TIM01 常开触点闭合使 1100 接通，移位寄存器 HR0 中的各位再移一位，使 HR005 为“1”，HR004 为“0”。HR004 常开触点断开，使输出继电器 0503 断开，电磁阀 YV3 断电关闭。至此完成一个周期的操作。同时，HR005 常开触点闭合执行 MOV 指令，将移位寄存器通道的最低位 HR000 置“1”，从而又开始下一个周期的工作。

7. 停止控制

当按下停止按钮 SB2 时，输入继电器 0001 接通，其常开触点闭合，作为 KEEP 的复位信号，使保持继电器 HR100 复位，HR100 的常开触点断开。因此，在执行完本周期的工序，即混合液排放完、定时器 TIM01 的延时时间到时，不再接通 1100，而是执行 MOV 指令，将移位寄存器 HR0 全部清“0”，使整个系统停止工作。

习　　题

7-1　自动定时搅拌机的设计。系统控制要求为：启动时，出料阀门关闭，进料阀门打开，开始进料。当罐内液面上升到上限位置时，进料阀门关闭，搅拌电动机启动，开始搅拌，10 min 后搅拌结束，出料阀门打开，开始出料。当液面下降到下限位置时，出料阀门关闭，进料阀门重新打开，再开始进料，如此循环。

7-2　观察电梯的运行情况，熟悉其工作方式，并设计三层电梯 PLC 控制系统。

项目五

PLC 综合控制应用

任务九　十字路口交通信号灯控制

一、任务目标

(1) 了解交通灯的工作原理。

(2) 熟练使用各种基本指令和功能指令。

(3) 掌握 PLC 程序设计和程序调试方法。

(4) 使学生了解用 PLC 解决实际问题的全过程，提高 PLC 的综合应用能力。

二、任务描述

设计一十字路口交通信号灯控制系统。

该系统设有一控制开关，用来控制系统的“启动”与“停止”。

交通信号灯显示方式为：

在东西方向红灯亮 60 s 期间，南北方向的绿灯亮 55 s，之后绿灯闪烁 3 次，每次闪烁周期为 1 s，然后黄灯亮 2 s。随后，转换为南北方向红灯亮 60 s，在此期间，东西方向的绿灯亮 55 s，之后绿灯闪烁 3 次，每次闪烁周期为 1 s，然后黄灯亮 2 s。如此完成一个周期，进入下一个循环周期。

三、任务分析

分析控制要求可知，该控制系统的输入设备有 1 个：启动、停止开关 S1；系统的输出设备有 6 个：东西红灯、东西绿灯、东西黄灯、南北红灯、南北绿灯、南北黄灯。由此分配 I/O 地址如项表 5－1 所示。

项表 5－1　交通灯控制 I/O 地址分配表

I	O
0000　控制开关	0500　东西红灯 0501　东西绿灯 0502　东西黄灯

续表

I	O
0000 控制开关	0503 南北红灯 0504 南北绿灯 0505 南北黄灯

根据项表 5－1，连接 PLC 的外部接线如项图 5－1 所示。

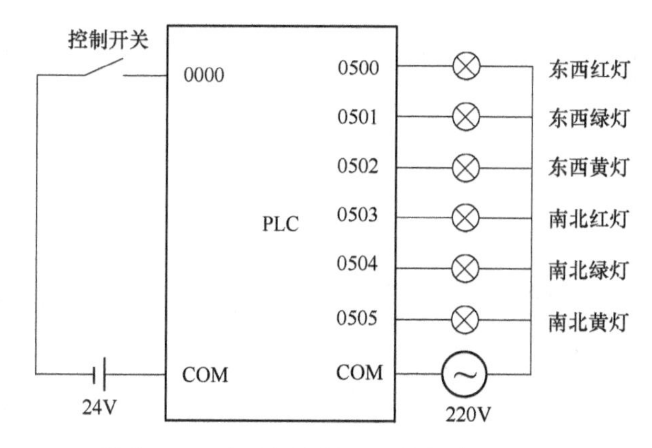

项图 5－1 交通灯控制 PLC 外部接线示意图

红灯亮的 60 s 用定时器 TIM00 来控制，将该 60 s 划分为三个时间段，0～55 s、55～58 s、58～60 s，分别用三个定时器 TIM01、TIM02、TIM03 来进行控制，依次作为绿灯亮 55 s、绿灯闪烁 3 次和黄灯亮 2 s 的启动信号。由于东西和南北方向的红、绿、黄灯的亮、熄规律相同，所以构成对称控制电路，用内部辅助继电器 1000 来分辨东西方向还是南北方向。绿灯的闪烁控制用振荡电路来实现，采用 TIM04、TIM05 来控制。

四、任务实施

根据控制要求和任务分析，设计交通灯控制梯形图如项图 5－2 所示。

五、拓展练习

观察丁字路口交通信号灯的显示情况，并用 PLC 来编程实现。

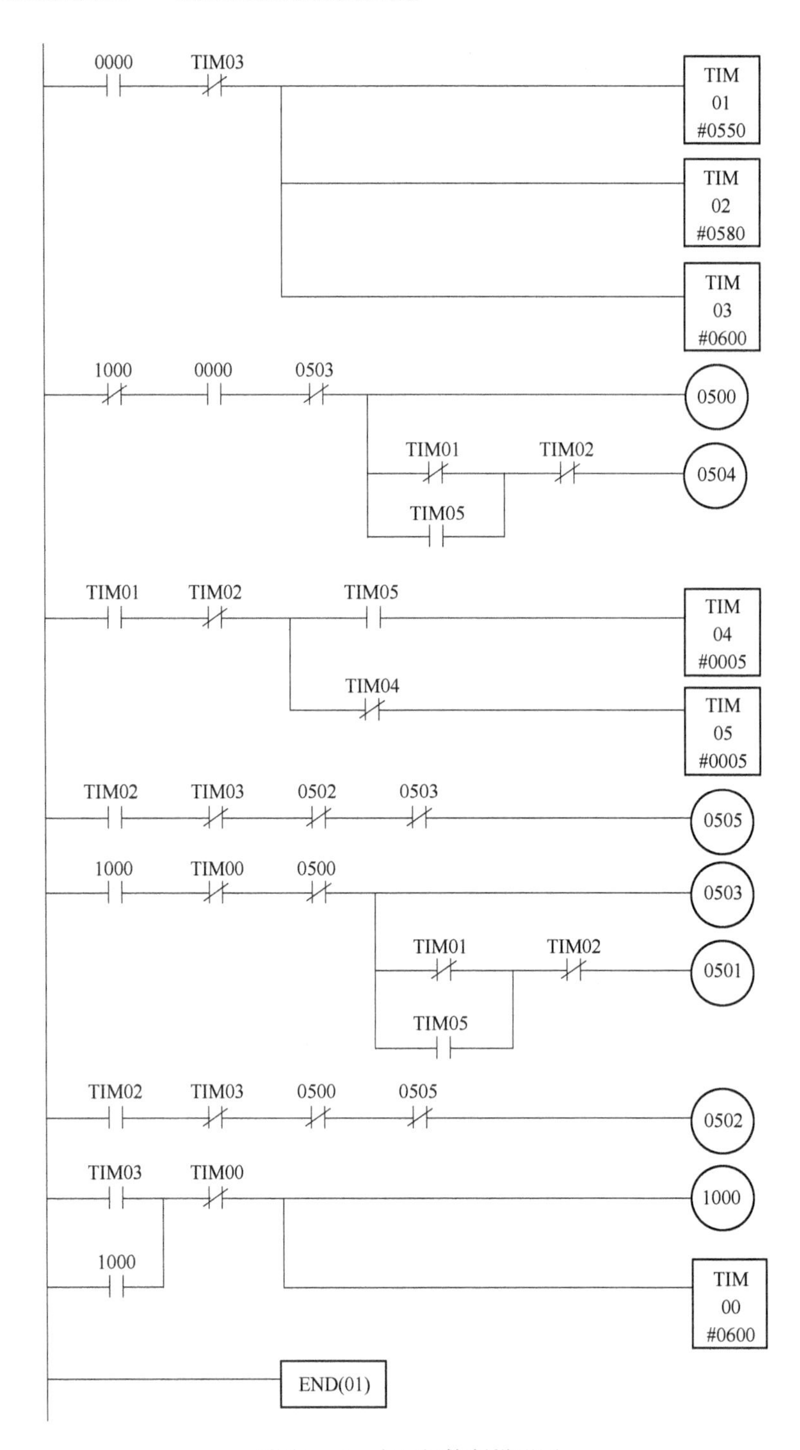

项图 5－2　交通灯控制梯形图

任务十　全自动洗衣机的自动控制

一、任务目标

(1) 了解洗衣机工作原理。
(2) 熟练使用各种基本指令和功能指令。
(3) 熟悉 PLC 程序设计方法。
(4) 提高 PLC 的综合应用能力。

二、任务描述

全自动洗衣机的进水和排水分别由进水电磁阀和排水电磁阀来执行。进水时，进水电磁阀打开，经进水管将水注入到洗衣桶。排水时，排水电磁阀打开，将水由洗衣桶排到机外。正转洗涤和反转洗涤由洗涤电动机驱动波盘正反转来实现。脱水时，控制系统将脱水电磁离合器合上，由洗涤电动机带动脱水桶正转进行脱水。上限水位开关和下限水位开关分别用来检测上限水位和下限水位，当水位开关被水淹没时为 ON。

全自动洗衣机的控制要求如下：

按下启动按钮后，洗衣机开始进水。水位达到上限时，上限水位开关动作，洗衣机停止进水，开始洗涤。正转洗涤 20 s，暂停 3 s，之后再反转洗涤 20 s，暂停 3 s，再正转洗涤……如此循环 3 次，洗涤结束。然后开始排水，当水位下降到下限水位时，开始脱水，同时继续进行排水，脱水 10 s 后，即完成一个大循环。经过 3 次大循环后洗衣结束，并且利用蜂鸣器进行报警，报警 10 s 后全过程结束，自动停机。

三、任务分析

分析控制要求可知，该控制系统的输入设备有 4 个：启动按钮、停止按钮、上限液位传感器、下限液位传感器。系统的输出设备有 6 个：进水电磁阀、排水电磁阀、脱水电磁阀、报警指示灯、电动机正转、电动机反转。由此分配 I/O 地址如项表 5－2 所示。

项表 5－2　洗衣机控制 I/O 地址分配表

I	O
	0500　进水电磁阀
0000　启动按钮	0501　排水电磁阀
0001　停止按钮	0502　脱水电磁离合器
0002　上限水位开关	0503　报警蜂鸣器
0003　下限水位开关	0504　电动机正转接触器
	0505　电动机反转接触器

根据项表 5－2，连接 PLC 的外部接线如项图 5－3 所示。

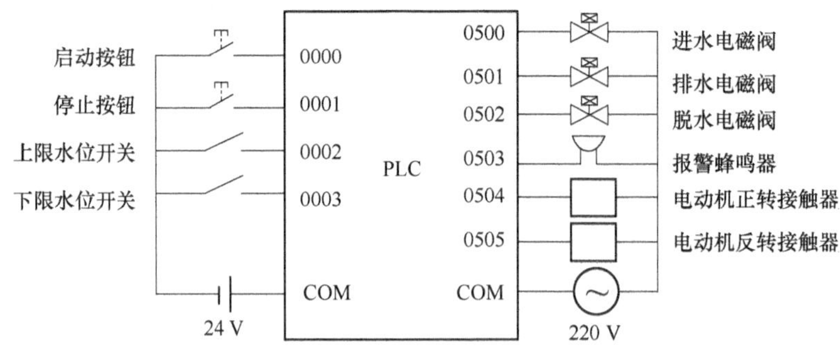

项图 5－3　洗衣机控制 PLC 外部接线示意图

四、任务实施

根据控制要求和任务分析，设计洗衣机控制的梯形图如项图 5－4 所示。

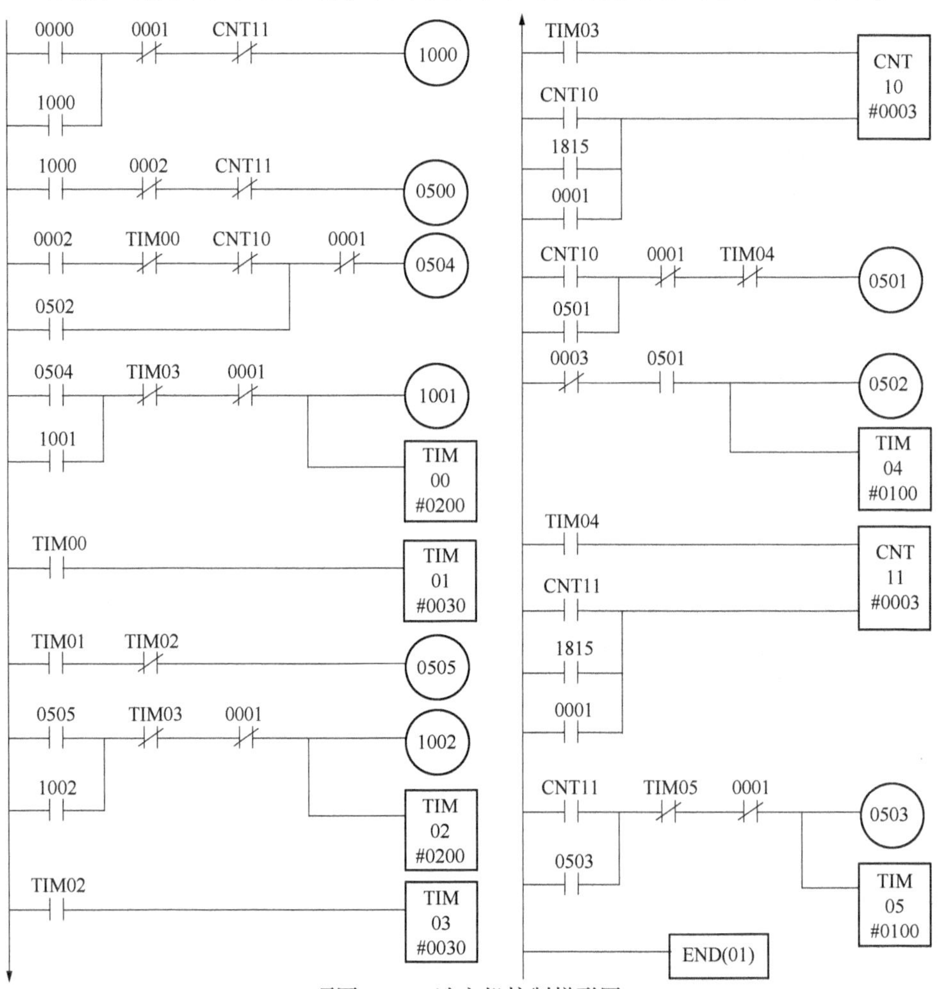

项图 5－4　洗衣机控制梯形图

五、拓展练习

若在该洗衣机自动运行的基础上增加手动运行功能，请设计其程序。

附　　录

附录A　常用电气设备的图形符号及文字符号

名称	图形符号	文字符号	名称	图形符号	文字符号	名称	图形符号	文字符号
三极刀开关	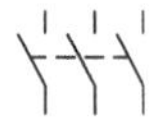	QS	断电延时线圈	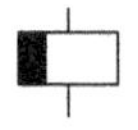	KT	熔断器		FU
三极断路器	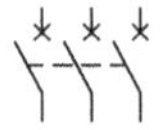	QF	通电延时线圈	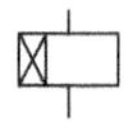	KT	热继电器动断触点		FR
负荷开关		QS	延时断开动合触点	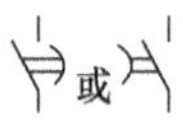 或	KT	热继电器热元件		FR
隔离开关		QS	延时断开动断触点	 或	KT	电流互感器	 或	TA
单极开关		SA	延时闭合动合触点	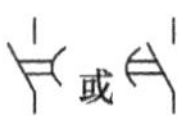 或	KT	直流电动机	 M	MD
按钮动合触点		SB	延时闭合动断触点	 或	KT	三相笼型异步电机	 M 3~	MC
按钮动断触点		SB	过流继电器线圈	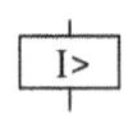 I>	KI	电抗器		L
复合按钮		SB	欠压继电器线圈	 U<	KV	可变电阻器		R
位置开关动合触点		SQ	速度继电器动合触点	 n	KS	电磁铁	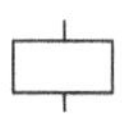	YA
位置开关动断触点		SQ	速度继电器动断触点	 n	KS	电磁制动器	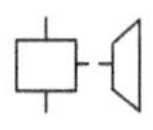	YB
接触器主触点		KM	中间继电器动合触点		KA	电磁离合器	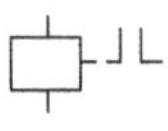	YC
接触器动合触点		KM	中间继电器动断触点		KA	信号灯		HL
接触器动断触点		KM	中间继电器线圈	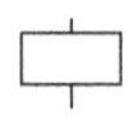	KA	电铃		HA

附录 B　专用内部辅助继电器功能表

<table>
<tr><th>通道号</th><th>继电器号</th><th colspan="2">功能</th></tr>
<tr><td>232 ~ 235</td><td>00 ~ 15</td><td colspan="2">宏功能输入区，包含用于 MCRO（99）指令的输入操作数
不使用 MCRO（99）指令时，可作为内部辅助继电器使用</td></tr>
<tr><td>236 ~ 239</td><td>00 ~ 15</td><td colspan="2">宏功能输出区，包含用于 MCRO（99）指令的输出操作数
不使用 MCRO（99）指令时，可作为内部辅助继电器使用</td></tr>
<tr><td>240</td><td>00 ~ 15</td><td>输入中断 0 设定值</td><td rowspan="4">输入中断使用计数模式时，存放设定值（0000 ~ FFFF）；输入中断不使用计数模式时，可作为内部辅助继电器使用</td></tr>
<tr><td>241</td><td>00 ~ 15</td><td>输入中断 1 设定值</td></tr>
<tr><td>242</td><td>00 ~ 15</td><td>输入中断 2 设定值</td></tr>
<tr><td>243</td><td>00 ~ 15</td><td>输入中断 3 设定值</td></tr>
<tr><td>244</td><td>00 ~ 15</td><td>输入中断 0 当前值 - 1</td><td rowspan="4">输入中断使用计数模式时，计数器的当前值减 1，（0000 ~ FFFF）</td></tr>
<tr><td>245</td><td>00 ~ 15</td><td>输入中断 0 当前值 - 1</td></tr>
<tr><td>246</td><td>00 ~ 15</td><td>输入中断 0 当前值 - 1</td></tr>
<tr><td>247</td><td>00 ~ 15</td><td>输入中断 0 当前值 - 1</td></tr>
<tr><td>248 ~ 249</td><td></td><td colspan="2">高速计数器 PV 区，不使用高速计数器时可作为内部辅助继电器使用</td></tr>
<tr><td>250</td><td></td><td>模拟电位器 0</td><td rowspan="2">模拟设定值存入区域
4 位 BCD 码 0000 ~ 0200</td></tr>
<tr><td>251</td><td></td><td>模拟电位器 1</td></tr>
<tr><td rowspan="8">252</td><td>00</td><td colspan="2">高速计数器复位位</td></tr>
<tr><td>01 ~ 07</td><td colspan="2">未使用</td></tr>
<tr><td>08</td><td colspan="2">外部端口复位位
需复位外部端口时将其置 ON。（连有编程设备时无效）。复位完成后自动变 OFF</td></tr>
<tr><td>09</td><td colspan="2">未使用</td></tr>
<tr><td>10</td><td colspan="2">PC 设置复位位
需初始化 PC 设置（DM6600 ~ DM6655）时将其变 ON。复位完成后自动变 OFF
仅在 PC 处于 PROGRAM 模式下有效</td></tr>
<tr><td>11</td><td colspan="2">强制状态保持位
OFF：当 PC 在 PROGRAM 模式与 MONITOR 模式间切换时，清除被强制置位/复位的位状态
ON：当 PC 在 PROGRAM 模式与 MONITOR 模式间切换时，保持被强制置位/复位的位状态不变
这个位的状态可通过 PC 设置使其在电源断开时保持不变</td></tr>
<tr><td>12</td><td colspan="2">I/O 保持位
OFF：在开始或结束运行时，将 IR 和 LR 位复位
ON：在开始或结束运行时，保持 IR 和 LR 位不变
这个位的状态可通过 PC 设置使其在电源断开时保持不变</td></tr>
</table>

续表

通道号	继电器号	功能
252	13	未使用
	14	错误日志复位位 需清除错误日志时将其变 ON。在操作完成后自动变 OFF
	15	未使用
253	00 ~ 07	FAL 错误代码 在发生错误时保存错误代码（2 位标号）。在执行 FAL（06）或 FALS（07）指令时在此保存错误代码。通过执行 FAL（00）指令或由编程设备清除错误，此字将复位（变为 00）
	08	未使用
	09	循环时间越限标志 发生循环时间超限时变 ON（即循环时间超过 100ms）
	10 ~ 12	未使用
	13	始终为 ON 标志
	14	始终为 OFF 标志
	15	第一个循环标志，在开始运行时，变 ON 一个循环周期
254	00	1 min 时钟脉冲（ON 30 s；OFF 30 s）
	01	0.02 s 时钟脉冲（ON 0.01 s；OFF 0.01 s）
	02	负数标志
	03 ~ 05	未使用
	06	微分监控完成标志，在微分监控完成时变 ON
	07	STEP（08）步指令执行标志 仅在 STEP（08）指令开始时变 ON 一个循环周期
	08 ~ 15	未使用
255	00	0.1 s 时钟脉冲（ON 0.05 s；OFF 0.05 s）
	01	0.2 s 时钟脉冲（ON 0.1 s；OFF 0.1 s）
	02	1 s 时钟脉冲（ON 0.5 s；OFF 0.5 s）
	03	指令执行出错标志（ER） 在执行过程中发生错误时变 ON
	04	进位标志（CY），当指令的执行结果有进位时变 ON
	05	大于标志（GR），当比较指令的运行结果为“大于”时变 ON
	06	等于标志（EQ），当比较指令的运行结果为“等于”时变 ON
	07	小于标志（LE），当比较指令的运行结果为“小于”时变 ON
	08 ~ 15	未使用

附录 C　辅助记忆继电器功能表

通道号	继电器号	功　能
AR00 ~ AR01		不可使用
AR02	00 ~ 07	不可使用
	08 ~ 11	扩展单元接续的台数
	12 ~ 15	不可使用
AR03 ~ AR07		不可使用
AR08	00 ~ 07	不可使用
	08 ~ 11	外设通信出错（1 位 BCD 码） 0：正确完成 1：奇偶校验错误 2：帧格式错误 3：越限错误
	12	编程设备错误标志
	13 ~ 15	不可使用
AR09	00 ~ 15	不可使用
AR10	00 ~ 15	电源断开计数器（4 位 BCD 码），它记录电源关闭的次数。 若要清零所计的数，使用编程设备将其写为“0000”。
AR11	00	高速计数器范围比较标志
	01	00 ON：计数器 PV 在比较范围 1 内
	02	01 ON：计数器 PV 在比较范围 2 内
	03	02 ON：计数器 PV 在比较范围 3 内
	04	03 ON：计数器 PV 在比较范围 4 内
	05	04 ON：计数器 PV 在比较范围 5 内
	06	05 ON：计数器 PV 在比较范围 6 内
	07	06 ON：计数器 PV 在比较范围 7 内 07 ON：计数器 PV 在比较范围 8 内
	08 ~ 14	不可使用
	15	脉冲输出状态 ON：停止 OFF：脉冲正在输出
AR12	00 ~ 15	不可使用
AR13	00	电源开启 PC 设置错误标志，DM6600 ~ DM6614（在电源开启时读取这部分 PC 设置区）中出错时变 ON
	01	启动 PC 设置错误标志，DM6615 ~ DM6644（在运行开始时读取这部分 PC 设置区）中出错时变 ON
	02	运行 PC 设置错误标志 DM6645 ~ DM6655（这部分 PC 设置区被一直读取）中出错时变 ON
	03 ~ 04	不可使用

续表

通道号	继电器号	功　　能
AR13	05	长循环时间标志 当实际循环时间超过 DM6619 中的循环时间设置时变 ON
	06 ~ 07	未使用
	08	指定存储区错误标志 程序中指定了一个不存在的数据区地址时变 ON
	09	闪存存储器错误标志 闪存存储器内发生错误时变 ON
	10	只读 DM 区错误标志，只读 DM 区（DM6144 ~ DM6599）内发生校验和错误时变 ON，此区被初始化
	11	PC 设置错误标志 PC 设置区内发生校验和错误变 ON
	12	程序错误标志 程序存储区（UM）内发生校验和错误，或执行不正确的指令时变 ON
	13 ~ 15	不可使用
AR14	00 ~ 15	最大循环时间（4 位 BCD 码）保存运行过程中最长的循环时间。它在开始运行时，而非运行结束后清零。依据 DM6618 中的设置，其时间单位可为下列单位设置中的任何一种。缺省：0.1 ms；“10 ms”设置：0.1 ms；“100 ms”设置：1 ms；“1 s”设置：10 ms
AR15	00 ~ 15	当前循环时间（4 位 BCD 码）保存最近的循环时间。停止运行时，当前循环时间不清零。依据 DM6618 中的设置，其时间单位可为下列单位设置中的任何一种。缺省：0.1 ms；“10 ms”设置：0.1 ms；“100 ms”设置：1 ms；“1 s”设置：10 ms

参考文献

[1] 胡学林．可编程控制器应用技术［M］．北京：高等教育出版社，2005.
[2] 张伟林．电气控制与 PLC 综合应用技术［M］．北京：人民邮电出版社，2009.
[3] 刘耀元．机床电气与 PLC 应用技术［M］．北京：北京理工大学出版社，2011.
[4] 黄中玉．PLC 应用技术［M］．北京：人民邮电出版社，2009.
[5] 高勤．可编程控制器原理及应用［M］．北京：电子工业出版社，2006.
[6] 陈丽．PLC 控制系统编程与实现［M］．北京：中国铁道出版社，2010.
[7] 林航，佘明辉．可编程控制器实训指导书［M］．北京：北京理工大学出版社，2009.
[8] 阮友德．电气控制与 PLC［M］．北京：人民邮电出版社，2009.
[9] 汤自春．PLC 原理及应用技术［M］．北京：高等教育出版社，2006.
[10] 周庆贵．电气控制技术［M］．北京：化学工业出版社，2006.
[11] 史国生．电气控制与可编程控制器技术．北京：化学工业出版社，2005.
[12] 张永飞，姜秀玲．PLC 及其应用［M］．大连：大连理工大学出版社，2009.
[13] 白娟娟，郭军．PLC 技术应用［M］．北京：北京理工大学出版社，2010.